"特色经济林丰产栽培技术"丛书

红枣

王永康 ◎ 主编

中国林业出版社

内容提要

　　本书由山西农业大学(山西省农业科学院)果树研究所枣科研团队编著。内容包括枣树栽培概况、生长发育特点、优良枣树品种、优质良种苗木繁育、枣园建立、土肥水管理、整形修剪、高接换种、冷棚设施栽培、病虫害防治、鲜枣采收和贮藏保鲜等技术。全书内容翔实可靠、技术先进实用、可操作性强,对枣树优质高效生产栽培管理有很强的指导作用。

图书在版编目(CIP)数据

红枣/王永康主编. —北京:中国林业出版社,2020.6
(特色经济林丰产栽培技术)

ISBN 978-7-5219-0582-3

Ⅰ.①红… Ⅱ.①王… Ⅲ.①枣－果树园艺 Ⅳ.①S665.1

中国版本图书馆 CIP 数据核字(2020)第 085000 号

责任编辑:李敏　王越

出版发行	中国林业出版社(100009　北京市西城区德胜门内大街刘海胡同 7 号)
	电话:(010)83143575　http://www.forestry.gov.cn/lycb.html
印　　刷	河北京平诚乾印刷有限公司
版　　次	2020 年 10 月第 1 版
印　　次	2020 年 10 月第 1 次
开　　本	880mm×1230mm　1/32
印　　张	5.25
彩　　插	8 面
字　　数	156 千字
定　　价	49.00 元

《特色经济林丰产栽培技术——红枣》
编委会

主　编: 王永康

编写人员(按姓氏笔画排序):

王永康　任海燕　李登科　赵爱玲

薛晓芳

序

  党的十八大以来，习近平总书记围绕生态文明建设提出了一系列新理念、新思想、新战略，突出强调绿水青山既是自然财富、生态财富，又是社会财富、经济财富。当前，良好生态环境已成为人民群众最强烈的需求，绿色林产品已成为消费市场最青睐的产品。在保护修复好绿水青山的同时，大力发展绿色富民产业，创造更多的生态资本和绿色财富，生产更多的生态产品和优质林产品，已经成为新时代推进林草工作重要使命和艰巨任务，必须全面保护绿水青山，积极培育绿水青山，科学利用绿水青山，更多打造金山银山，更好实现生态美百姓富的有机统一。

  经过70年的发展，山西林草经济在山西省委省政府的高度重视和大力推动下，层次不断升级、机构持续优化、规模节节攀升，逐步形成了以经济林为支柱、种苗花卉为主导、森林旅游康养为突破、林下经济为补充的绿色产业体系，为促进经济转型发展、助力脱贫攻坚、服务全面建成小康社会培育了新业态，提供了新引擎。特别是在经济林产业发展上，充分发挥山西省经济林树种区域特色鲜明、种质资源丰富、产品种类多的独特优势，深入挖掘产业链条长、应用范围广、市场前景好的行业优势，大力发展红枣、核桃、仁用杏、花椒、柿子"五大传统"经济林，积极培育推广双季槐、皂荚、连翘、沙棘等新型特色经济林。山西省现有经济林面积1900多万亩，组建8816个林业新型经营主体，走过了20世纪六七十年代房前屋后零星种植、八九十年代成片成带栽培、21 世纪基地化产业化专业化的跨越发展历程，林草生态优势正在转变为发展优势、产业优势、经济优势、扶贫优势，成为推进林草事业实现高质量发展不可或缺的力量，承载着贫困地区、边远山区、广大林区群众增收致富的梦想，让群众得到了看得见、摸得着的获得感。

随着党和国家机构改革的全面推进，山西林草事业步入了承前启后、继往开来、守正创新、勇于开拓的新时代，赋予经济林发展更加艰巨的使命担当。山西省委省政府立足践行"绿水青山就是金山银山"的理念，要求全省林草系统坚持"绿化彩化财化"同步推进，增绿增收增效协调联动，充分挖掘林业富民潜力，立足构建全产业链推进林业强链补环，培育壮大新兴业态，精准实施生态扶贫项目，构建有利于农民群众全过程全链条参与生态建设和林业发展的体制机制，在让三晋大地美起来的同时，让绿色产业火起来、农民群众富起来，这为山西省特色经济林产业发展指明了方向。聚焦新时代，展现新作为。当前和今后经济林产业发展要走集约式、内涵式的发展路子，靠优良种源提升品质、靠管理提升效益、靠科技实现崛起、靠文化塑造品牌、靠市场打出一片新天地，重点要按照全产业链开发、全价值链提升、全政策链扶持的思路，以拳头产品为内核，以骨干企业为龙头，以园区建设为载体，以标准和品牌为引领，变一家一户的小农家庭单一经营为面向大市场发展的规模经营，实现由"挎篮叫卖"向"产业集群"转变，推动林草产品加工往深里去、往精里做、往细里走，以优品质、大品牌、高品位发挥林草资源的经济优势。

正值全省上下深入贯彻落实党的十九届四中全会精神，全面提升林草系统治理体系和治理能力现代化水平的关键时期，山西省林业科技发展中心组织经济林技术团队编写了"特色经济林丰产栽培技术"丛书。文山同志将文稿送到我手中，我看了之后，感到沉甸甸的，既倾注了心血，也凝聚了感情。红枣、核桃、杜仲、扁桃、连翘、山楂、米槐、皂荚、花椒、杏10个树种，以实现经济林达产达效为主线，围绕树种属性、育苗管理、经营培育、病虫害防治、园园建设，聚焦管理技术难点重点，集成组装了各类丰产增收实用方法，分树种、分层级、分类型依次展开，既有引导大力发展的方向性，也有杜绝随意栽植的限制性，既擘画出全省经济林发展的规划布局，也为群众日常管理编制了一张科学适用的生产图谱。文山同志告诉我，这套丛书是在把生产实际中的问题搞清楚、把群众的期望需求弄明白之后，经过反复研究修改，数次整体重构，经过去粗取精、由表及里的深入思考和分析，历经两年才最终成稿。我们开展任何工作必须牢固树立以人民为中心的思想，多做一些打基础、利长远的好事情，真正把群众期盼的事情办好，这也是我感到文稿沉甸甸的根本原因。

科技工作改善的是生态、服务的是民生、赋予的是理念、破解的是难题、提升的是水平。文稿付印之际，衷心期待山西省林草系统有更多这样接地气、有分量的研究成果不断问世，把经济林产业这一关系到全省经济转型的社会工程，关系到林草事业又好又快发展的基础工程，关系到广大林农切身利益的惠民工程，切实抓紧抓好抓出成效，用科技支撑一方生态、繁荣一方经济、推进一方发展。

山西省林业和草原局局长

2019 年 12 月

 前 言

　　枣原产我国，是具有中国特色和发展优势的重要果树和经济林树种，果品药食同源，可鲜食、制干、加工蜜枣、药用或观赏，综合利用价值极高，是兼具经济效益和生态效益的绿色产业，在发展现代化特色农业和生态重建中占有重要地位。枣品种资源丰富，栽培历史悠久，分布范围广泛。目前全国栽培面积约150万公顷，总产量超过800万吨，占全世界的99%以上。近30年间，全国枣树栽培不论在面积上还是产量上，均以年均10%左右的速度在快速发展。

　　鲜枣果实富含营养保健功能性成分，尤其维生素含量极高，可达600毫克/100克以上；鲜枣果实大小适中、酸甜爽口，肉质酥脆，汁液丰富，表现出了优质水果的突出特点，广受国内外消费者青睐；枣树栽培经济效益显著，尤其是发展鲜食品种，鲜枣价格一般是干枣的3~5倍，设施栽培下最高售价可达百元以上，销售市场巨大，发展前景广阔。

　　红枣规模化发展从20世纪80年代开始，品种以临猗梨枣为代表，栽培技术以矮化密植为主，果品个头大，早实性和丰产性极强，品种适应性强，管理简便，迅速在全国掀起了种植鲜枣的高潮。90年代后期以冬枣为代表的优质鲜食枣在山东、河北等地规模化生产栽培，促花促果管理技术广泛应用，栽培管理水平得到了一定提升。

2000 年后，山西、陕西等地引种冬枣，开始设施栽培，由遮雨棚到大棚，近几年温室也不断增多，综合管理技术水平达到了一个新的高度。近 20 年间，新疆等西部省份大规模发展优良制干品种，迅速成为枣新兴产区和全国枣主产区。

目前枣产业处于提质增效转型发展时期，红枣品种结构单一，管理技术措施不规范，滥用化肥、农药和激素，造成果品质量降低，生产投入和劳动成本增加，经济收入提升空间变小，严重影响产业健康可持续发展。针对生产中存在的主要问题，我们将多年调查试验和推广示范积累的资料和经验加以科学总结，望为广大枣农提高红枣优质高效栽培管理水平提供一定帮助。在枣树品种介绍部分嵌入二维码，通过手机扫描更直观看到原色图片。

本书的编写参考了已公开出版文献等参考资料，在此，谨向所有作者表示谢意。由于水平有限，不妥之处，敬请广大读者赐教。

王永康

2020 年 6 月

目 录

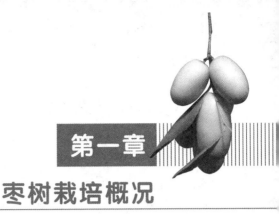

第一章

枣树栽培概况

　　枣原产我国，迄今已有 7000 余年的栽培历史，是最具民族特色和发展优势的果树树种之一。国外栽培的枣树都是直接或间接地引自我国，但绝大多数没有规模化发展。

　　根据果实的食用习惯和用途的不同，传统上把枣大致分为制干、鲜食、制干鲜食兼用、蜜枣和观赏等品种类型。在枣树悠久的栽培历史上，制干品种和制干鲜食兼用品种长期占据主导地位，不论是产量还是面积，都占到 90% 以上，处于绝对优势。但自 20 世纪 80 年代末开始至今，随着人们消费水平的提高，对新鲜水果的需求越来越大。鲜枣作为完全具有水果消费特性的果品之一，越来越受到广大消费者的青睐，市场需求不断扩大，鲜枣生产得到了空前大规模的发展，并产生了巨大的社会、经济效益，极大地推动了我国枣树产业的整体发展，充分激发了广大果农的栽培兴趣，引起了各方人士的广泛关注。尽管如此，鲜枣在枣树生产中所占比例仍然很小，产量规模和果品质量依然远远满足不了市场需求，因而鲜枣生产具有广大的发展空间和美好的发展前景。为了进一步促进我国枣产业的健康发展，优化品种结构，满足市场需求，走优质高效农业的发展道路，根据枣树的生长发育习性、生产管理的技术要求以及贮藏保鲜等特点，生产管理者有必要全面了解和掌握有关枣树生产的发展概况、优良品种、优质苗木培育、土肥水管理、整形修剪、病虫害防治以及贮藏保鲜等一整套技术措施。

一、枣树的栽培价值

（一）营养价值高

枣果含有丰富的能量物质、维生素和矿质元素，是重要的补养食品。枣的含糖量居各类果品之首。鲜枣含糖量为 19%～44%，每100 克鲜枣发热量为 447.99 千焦，蛋白质 1.2%～3.3%，脂肪0.2%～0.4%，粗纤维素 1.6%；每 100 克鲜枣果肉含钙 41 毫克、磷23 毫克、铁 0.5 毫克；含天门冬氨酸、苏氨酸、丝氨酸等 19 种氨基酸，其中 8 种为人体必需氨基酸，总含量 1 毫克/100 克左右；尤其是枣果还含有丰富的多种维生素，其中每 100 克鲜枣果肉含胡萝卜素 0.01 毫克、硫胺素 0.06 毫克、核黄素 0.04 毫克、尼克酸 0.6 毫克。维生素 C 的含量最高，100 克果肉中含 400～800 毫克，比猕猴桃、山楂的维生素 C 含量高几倍，比桃、苹果、梨、柑橘等高几十倍，因此，枣果被人们称为"活的维生素 C 丸"。而干枣和蜜枣品种在加工过程中，许多营养成分受到极大损失，例如维生素 C，鲜枣含量多为 300～600 毫克/100 克，而干枣含量却下降到 20～60 毫克/100 克，损失率达 90% 以上。因而，红枣，尤其是鲜枣含有的营养物质最为丰富，食用红枣营养价值最大，对红枣的开发利用具有十分重要的意义。

（二）食疗保健功能强

在我国民间，红枣历来被人们视为传统的滋补佳品，具较高的食疗保健价值，民间有"天天吃三枣，一辈子不见老""五谷加红枣，胜过灵芝草"的说法，对枣的食补和药用功效作出了高度评价，这不仅仅是针对干枣而言，同样适合于鲜枣，在某种程度上说鲜枣更具有这些功效。一般中药都要配上大枣少许，故枣又称"百药之引"。枣果、种仁、叶片、木心、枝皮均可入药，《神农本草》和《本草纲目》对其医疗价值均有记载。枣果味甘无毒，健脾养胃，益血壮神。现代医学研究表明，枣具有润心肺、降血压、补五脏、治虚损等功效，久服补中益气，健身延年。鲜枣富含维生素 C、维生素 P、维生素 A、维生素 B 以及环磷酸腺苷、环磷酸鸟苷、芦丁及黄酮类物质等，对水肿、气血不足、贫血、肺虚咳嗽、神经衰弱、失眠、高血压、冠心病、败血病、癌症等均有一定的疗效。经研究表明，维生素 C、环磷酸腺苷等成分，具有第二信使的作用，可以调节和维持人体正常的生理代谢过程，为国内外医药界所重视。

（三）经济效益好

①枣树结果早，嫁接当年就能挂果，苗木定植当年结果率可达 70%~90%，民间有"桃三杏四梨五年，枣树当年就还钱"之说。枣树经济寿命长，在老枣树区常能见到二三百年的大树结果。枣树繁殖方法简单，可进行分株、插根、嫁接等多种途径繁殖苗木。管理简便，一般枣树栽植后不需特殊管理，就能正常开花结果，并能获得满意的经济产量。

②枣树全身都宝，除了营养丰富的果实外，枣花量大，花期长，蜜汁丰富而质优，是良好的蜜源植物；枣叶可以制成枣叶茶饮用；枣树木质坚硬，纹理细致，是优质的木材。

③枣树独具民族特色，我国的枣生产在世界居绝对的领先地位和竞争优势。近年来，人们注重饮食文化的同时，更看重了大枣的独特营养价值，名优鲜枣在国内外市场上供不应求，随着世界经济一体化进程不断向前推进，为枣产品的出口创汇创造了条件，为广大枣树种植者带来更大的经济利益。

（四）商品价值高

红枣干鲜兼用，鲜食枣不仅具有一般水果的特点，而且具有自身独特的消费特点。随着设施栽培技术的不断提高和贮藏保鲜问题的逐步解决，可实现供应周年化，延长货架期，市场消费量不断增长。另外，红枣果实果面光滑，艳丽有光泽，富有均匀且寓意吉祥富贵的浓浓红色，外观非常惹人喜爱；同时，果实皮薄渣少，果肉质地酥脆，细嫩多汁，甘甜清香，酸甜适口，风味口感极佳，极受消费者的青睐；果个大小适中，携带食用极为方便，可以作为小食品食用；同时也是馈赠亲朋好友的上等礼品和节日佳品，与大宗水果相比,显得珍稀名贵,因而不仅消费量较大,市场需求巨大,而且市场价格高,好销售。

(五)生态价值和社会价值高

①枣树适应性强,既耐旱抗涝,又抗盐碱,土壤 pH 值在 5.5～8.5 之间,枣树都能正常生长结果。无论平原、河滩,还是海边盐碱地,枣树皆可种植。枣树在我国分布之广,适应性强,是其他果树所不及的。

②枣树具有萌芽晚、花期长、花芽当年多次分化的特点。因此,枣树具有很强的抵御自然灾害的能力,群众称枣树是"铁杆庄稼",种植枣树会有稳定的经济效益。枣树枝稀叶小,并且展叶晚,落叶早,与冬小麦等粮食作物生长期完全相错开,互不影响,因而可以提高土地利用率,充分利用了空间和光能;同时能防风,又能保护农田,有利于改善农田生态条件,获取树上树下双丰收。正因为这一点,长期以来,枣树作为与粮食作物间作的最佳果树树种,在我国北方地区形成了成熟的枣粮间作技术。目前,我国枣树栽植大部分是枣粮间作型。田间种植时,采用宽行距,基本上不影响农田机械化作业,这成为我国北方林粮间作的特色。

③枣树是很好的水土保持树种,对地域生态平衡,改造环境和农业的可持续发展有重大意义。枣树还适于庭院栽植、道路绿化、美化环境,是四旁绿化的良好树种。所以说种植枣树既有经济效益,又有生态效益。

二、枣树栽培现状与存在的问题

(一)历史与现状

1. 生产和市场规模

在枣树悠久的栽培历史上,大多享誉全国、大规模生产发展的名优特红枣产品均为制干或鲜食制干兼用品种,而纯粹用于鲜食的红枣仅限于庭院栽植,一直没有大面积生产发展。20 世纪 90 年代以前,鲜枣在市场上很少见到,是稀有名贵的果品,而干制红枣、蜜枣占据主导地位，酒枣、枣汁等加工品仅占很小比例。究其原因，主要是人们消费水平有限，鲜枣贮藏运输等问题不能解决，而干枣却可以很好地长时间贮藏运输而不变质。改革开放 30 年来，人们生活水平不断提高，消费观念日新月异，市场需求不断多样化，产品质量高档化，对果品的要求也不例外。随着大宗水果的普及和消费日常化，人们对小果类的需求与日俱增，对稀有名贵的果品类型消费也越来越大。在这一历史条件下，鲜枣悄然走向市场，进入老百姓日常消费品之列，一改制干品种一统天下的局面，呈现出不断发展壮大之势。如今四通八达的交通、快速便捷的运输工具的广泛使用以及贮藏保鲜技术的不断提高，为鲜枣在短时间内进入市场和延长新鲜果实供应期提供了基本保障。

20 世纪 80 年代末开始，以临猗梨枣的成功开发为标志掀起了鲜枣生产史上的第一场革命，它的栽培生产在全国范围内广泛展开，产生巨大的社会效益和经济效益。在随后 10 余年的时间里，国内外市场上对临猗梨枣的需求供不应求，价格居高不下，每千克一直维持在 10~40 元，在香港、深圳、广州和大连等大城市，销售价多在每千克 40 元左右。临猗梨枣是以其速丰高产、品质较好等优点取得了果农和市场的认可，而随后的沾化冬枣却以其果实品质优良的特点成为后起之秀，再一次在全国较大范围内得以推广生产，其市场价格远超出临猗梨枣数倍，反映了消费者对鲜枣品质要求的进一步提高。

2000 年以前，全国红枣产量 100 万吨左右，2017 年已增加到 800 万吨以上，发展速度非常快，尤其以新疆壶瓶枣、骏枣和灰枣等制干品种，山东、河北、山西、陕西的冬枣等鲜食品种的成功开发利用产生了巨大的产业带动作用，其较好巨大的经济效益极大地激发了种植者对枣树栽培的热情和积极性。目前，鲜枣的生产在不断向大果化、优质化、新鲜化、多样化、周年化方向发展，现有生产规模已满足市场需求，但对鲜枣品质的要求更高，还有很大的提升空间。

2. 枣树品种资源

我国有 700 个枣品种，其中，制干品种 224 个，鲜食品种有 261 个，蜜枣品种 56 个，兼用品种 159 个。枣树品种资源极为丰富，形态农艺性状表现各异，品种特性多样化，不乏适于大规模生产利用、综合性状优良、可以满足消费者不同需求的品种资源。例如临猗梨枣、大白枣、大白铃、溆浦鸡蛋枣等品种，结果早，3～5 年即可进入盛果期，果个大，品质优，极丰产，是综合性状表现极佳的中晚熟鲜枣优良品种；沾化冬枣、北京嘎嘎枣、马铃脆、孔府酥脆、平遥不落酥、山东梨枣、妈妈枣、永济蛤蟆枣、山西葫芦枣、蜂蜜罐、冷白玉、北京马牙白等品种果实品质极佳，外观漂亮，皮薄肉厚，质地酥脆，清香细嫩，酸甜适口，被视为枣中珍品和果品中的极品。其中，山西葫芦枣不仅品质优良，而且果形奇特，集食用价值兼观赏价值于一身；蜂蜜罐和平遥不落酥成熟期较早，而沾化冬枣成熟期极晚，可以填补市场空白，扩大鲜枣供应时期；永济蛤蟆枣、冷白玉、沾化冬枣等品种耐贮性好，极适于贮藏保鲜。我国各地枣主产区均有名誉全国的代表品种，例如山西的有临猗梨枣、永济蛤蟆枣、平遥不落酥、襄汾圆枣等，河北、山东的有冬枣、大白铃等，陕西的蜂蜜罐、七月鲜等，湖南的溆浦鸡蛋枣，江苏的南京冷枣等。

3. 栽培管理技术

枣传统栽培管理一般采用极为粗放的管理模式，甚至根本不管理，只有在果实成熟时打打枣就行了，树体形状自由放任，郁闭不透光，产量低而不稳，果品质量参差不齐。近年来，随着人们对枣树生产的不断重视和栽培技术的不断提高，许多新技术在生产中得以推广应用。苗木嫁接繁育技术取得了突破性进展，使得良种繁殖速度加快，一改以速度慢、数量少的根蘖苗为主的繁育方式，在苗木繁育速度和数量上基本满足了市场需求。栽植模式采用纯枣园、矮化密植栽培、设施栽培、集约化生产管理方式，注重土、肥、水管理和病虫害防治，树体的整形修剪技术也不断提高，形成了一整套有效的栽培管理技术体系，使得品种的优良特性得到了充分的表现，达到了高产、优质和高效的现代化农业。

4. 贮藏保鲜技术

鲜枣好吃难贮藏，主要是由于鲜枣含糖多，代谢旺盛，属于非呼吸跃变型果实，果肉容易发酵引起软化和褐变；果皮薄，表皮保护组织不发达，自然状态下容易失水萎蔫，病害严重。清朝已有冰窖保存鲜枣的记载，但时间不足1个月。近二三十年来，鲜枣贮藏保鲜研究不断深入，取得了巨大进展，包括耐贮品种的选择、采收成熟度、采收技术、采前采后生理研究、采前采后物理化学处理技术、贮藏条件、贮藏设备以及包装等内容，对延长鲜枣贮藏期和货架期，在一定程度上提高果品附加值，对促进我国鲜枣产业的发展发挥了重要作用。在气调贮藏技术等方面的研究都已经取得较大进展。目前贮存期可达3个月左右，比如沾化冬枣的贮藏就已经可以供应春节和元宵节期间的市场需求。

（二）存在的主要问题

1. 苗木市场不规范，盲目引种，良种化程度低

苗木销售市场管理措施不当，劣质苗木以次充好，品种名称不规范，同一品种具有多个商品名现象严重，命名混乱；缺乏区域试验和中试程序，品种适应性被过度夸大；品种特性信息不详或不符，夸大经济效益，品种的一些缺点避而不谈；对于种植者，急功近利，盲目模仿，不经过引种试栽观察，即大规模栽培生产，经常出现良种不良，因而难免造成严重的经济损失。

良种化观念淡薄，目前各地的主栽品种基本上还都是传统地方品种，良莠不齐和品种退化现象严重，地方品种的选优更新尚未引起足够重视，导致许多一般性的品种甚至比较差的品种在生产上仍占有相当的比例。大多数著名的地方良种仍局限于庭院或小范围内栽植，没有形成规模化生产，未能得到很好的开发利用。

2. 生产结构不合理，品种单一，缺乏多样性，规模化程度低

尽管我国拥有丰富的鲜枣资源，品种数量占到全部枣资源35%左右，但是在鲜食品种的利用和开发上还远远不够。目前，鲜食品

种除临猗梨枣和沾化冬枣等极少数品种在全国范围内有规模化商品栽培外，包括平遥不落酥、北京嘎嘎枣、山西葫芦枣和大荔蜂蜜罐等许多名优品种在内的大多数鲜食品种仍然是零星栽植，市场化、商品化程度极低。因此，尽快使这些优良鲜食品种得到开发和利用，是今后我国枣树生产的重要任务之一。

优良枣树品种的开发生产尚处于初级发展阶段，生产规模在枣树生产所占比例依然不足。目前我国鲜枣产量仅占枣总产的10%左右，约80万吨，这与其丰富的资源数量和巨大的市场需求不匹配。品种结构欠合理，对早中晚熟品种的搭配还未引起重视。

3. 管理粗放，缺乏高水平栽培的果园

尽管枣树栽培管理技术得到了一定程度的提高，但依然普遍存在重栽培轻管理现象，先进的管理技术普及力度不够，优质生产和集约化管理还没有引起高度重视，先进栽培技术的推广使用还跟不上，出现树体结构不合理、通风透光能力差、营养状况欠佳、病虫害严重等现象，造成果园结果丰产晚、产量低而不稳、果品质量差等结果，果园整体表现地面管理跟不上、树上凌乱不整齐、经济效益不明显。

近年来，枣树病虫害的频繁发生成为影响枣产业发展的主要问题之一，必须引起足够的重视。它不仅严重影响产量，而且对果品质量能够产生致命性的损害，以至完全丧失食用价值。对于各种新旧病害类型，诸如枣疯病、缩果病和裂果，目前仍不能根治。因而必须通过加强枣园的综合管理措施，增强树体抗病能力来减轻病害的侵害，这是目前减轻病虫害最基本的预防措施。

4. 果品品质下降，缺乏优质果

通过临猗梨枣和冬枣等鲜枣品种的生产发展实践过程来看，均有果品品质整体不断下滑的趋势。造成这一现象的原因不是品种本身，而与栽培区域化和管理科学化水平相关，直接原因主要有：土壤有机物含量匮乏、化肥过量施用、植物生长调节剂的不当施用；重产量，轻品质；重栽培，轻管理；病虫害防治不利，虫果、病果、烂果、裂果严重。另外，近年来许多地区人为造成的质量下降问题严重，如河北、山西、山东、陕西枣区由于怕阴雨产生裂果和抢市场等原因，果实不成熟或完全绿色时就采收销售，或绿果经过着色处理就拿到市场上，颜色极不正常，完全失去了其应有的口感风味，品质受到极为严重的影响，因此优质生产管理的任务还十分艰巨。

果品质量的下降是目前枣树发展中的一个十分突出的问题，它不仅关系着枣树种植者的切身利益，而且关系着枣产业的兴衰存亡。不能只顾眼前利益，图一时的小便宜，而只重视产量、轻视质量，或以次充好、欺骗消费者，若照此发展下去，必将受到市场规律的严重惩罚。而应要用长远的眼光来发展枣树生产，以质取胜，树优质果品名牌。

5. 鲜枣供应期短，贮藏保鲜技术有待进一步提高

鲜枣的贮藏技术普遍相对滞后，市场供应期过于集中，造成市场上一时的供大于求，以至相互压价，低价出售，严重影响鲜枣经济价值的顺利实现，这在一定程度上阻止了枣产业进一步向前发展。目前的贮藏保鲜技术尽管取得了巨大进展，但依然不能彻底解决鲜枣不易贮藏、贮藏品质差的问题。从长远的发展来看，贮藏保鲜技术必须有质的突破才能满足生产和市场的需求。

6. 商品宣传力度不够，需进一步开拓国际市场

枣不仅具有明显优于其他果品的很高的营养价值和极强的食疗保健功能，而且完全具有一般水果的商品习性、消费特点和自身的独有特性，作为容易被接受的新事物完全有可能会不断地被广大的国际非华人消费者所认可，潜在的国际消费市场开拓力度需要进一步加大，通过报纸、杂志、电视、手机等多种途径加强宣传，开拓新市场，让消费者不断加深对红枣的认识和了解。

第二章

枣树生长发育特点

一、形态特征

(一)根

枣树的根系因繁殖方法不同分为实生根系和茎源根系。实生根系的主根和侧根均发达，而主根又较侧根发达。茎源根系包括压条分株、扦插及组织培养繁殖的枣树的根系，它的特点是水平根较垂直根发达，向四周延伸的能力很强，分布范围广，在山坡和多石处可弯曲生长或形成扁平根，其分布可超过树冠的1倍以上，但集中分布于树冠下，占总根量的70%以上。枣树水平根沿平行于地表的平面向四周生长，其主要功能是扩大根系分布范围，增加吸收面积，易发生不定芽形成根蘖；水平根的垂直分布与品种、树龄、土壤及管理有关，一般以地表下15～30厘米范围内细根最多，约占总根量的75%。幼树期水平根生长迅速，进入盛果期后逐渐缓慢，至衰老期后向心更新。实生苗垂直根较发达，起固定、吸收作用，尤其对深层土壤中的养分和水分，更有利于抗旱、耐贫瘠。

容易发生根蘖是枣树根系的一个显著特点。根蘖多发生在水平根上，根蘖出土后地上部生长较快，根系的发育速度则相对较慢。一般来说，以直径5～10毫米的水平根发生的根蘖生长好，且易分株成苗。根蘖的发生还与品种、繁殖方法和生长势有关，一般嫁接繁殖和生长势弱的植株发生根蘖较少，而分株繁殖和生长势强的植株发生的根蘖较多。另外，机械伤可刺激根蘖的发生。

枣树根系生长需要较高温度，一年内只要地温达到要求均可生长。当枣树萌芽前4月上旬，土温达7.2℃以上开始生长，4月下旬至5月上旬根系生长加快。7月中旬至8月中旬，土温22～25℃时达生长高峰期。秋季土温降至21℃以下时，生长又趋缓慢。10月上旬，随土温降低渐至停止生长。

在根系生长活动季节，土壤湿度在60%～70%，空气通透，能加速根的生长，否则，不但根系生长缓慢，其生长期和寿命都会缩短。根系生长强弱与地上部分生长与结果明显相关。5～6月枝叶旺盛生长期，根系生长缓慢；进入7月，枝叶生长趋于缓慢，开始积累营养物质，根系生长逐渐加快；8月，枝叶基本停止生长，根系生长则进入高峰时期，以后因温度下降而停止。地上部分生长的强弱，直接影响根系的强弱，而根系贮存营养物质的多少和吸收土壤养分的能力直接影响着地上部分的生长速度和结果能力。

（二）枝

枣树有三种枝条，即枣头（发育枝或营养枝）、枣股（结果母枝）和枣吊（脱落性结果枝），其特性与其他果树不同。

1. 枣头（图2-1）

枣头是枣树上的发育枝，是形成树体骨架和结果单位枝的主要枝条。枣头一次枝着生数量不等的二次枝（图2-2），基部一般着生的枝为脱落性二次枝，较上部着生的枝为永久性二次枝，以中下部的永久性二次枝长而健壮，越近顶端越细弱，甚至形成短芽。二次枝节部可当年抽生三次枝，即枣吊。枣头一次枝和二次枝的节部一般都有两个托叶变态的刺（又称针刺），但二者形态不同。一次枝上的较短小、直生、等长；二次枝上的一长一短，长托刺粗壮、直伸，短托刺向后弯曲。枣头具有多年连续延长生长的特性。在山西晋中地区，4月中下旬萌芽，枣头开始生长，5月中下旬至6月中下旬为快速生长期，7月中旬封顶，基本停止生长，一次枝和二次枝的生长曲线均呈单"S"形，其中枣头一次枝生长量较大，生长期50～90天；二次枝生长量较小，生长盛期仅有15～20天，二次枝停长后一般不形成顶芽，翌春先端回枯。

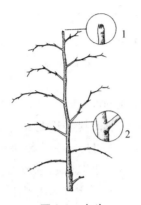

图2-1　枣头
1. 枣头顶芽主芽　2. 枣头腋间主芽

图2-2　二次枝

2. 枣股（图2-3）

枣股即结果母枝，是由枣头一次枝和枣头二次枝上的主芽萌发形成的短缩性结果母枝，主要着生在2年生以上的二次枝上，个别着生在枣头一次枝的顶端和基部。枣股形成后可连续多年生长结果，一般可抽生2~7个枣吊，枣股的年生长量小，仅0.1~0.5厘米。据枣股的生长习性和形态特征，可认为枣股是短缩的枣头，枣吊相当于二次枝。枣股的结实能力与所在枝条的种类、部位、枝龄、品种及栽培管理措施等有关，一般3~8年二次枝上的枣股结实能力强。枣股的寿命可达15~20年，衰老后或更新抽生枣头或枯死。

图2-3　枣股

图2-4　枣吊
1. 生长期枣吊　2. 落叶后枣吊

3. 枣吊（图2-4）

枣吊又称脱落性枝、落性枝、二型枝、三次枝，是枣树的结果枝，其叶序为1/2，叶片平面分布。枣吊主要着生于枣股上，当年生枣头一次枝基部和二次枝各节也着生枣吊。枣吊一般具10~18节，长10~34厘米，个别可达40厘米以上。枣吊每年从枣股上萌发，随枣吊生长，叶片增多，并在叶腋间形成花序，开花结果。即枣树的枝条生长和开花结果是同时进行的。在同一枣吊上，以4~8节的叶片最大，3~7节结果最多。

木质化枣吊是枣树生产中新型结果枝，其木质化程度高，秋天基部形成不完全离层，冬季脱落晚甚至不脱落，结果能力极强，尤其是密植栽培条件下形成产量的一个主要来源。木质化枣吊的多少和枣吊木质化程度的大小与品种、树体营养状况、栽培管理以及修剪措施等有关。临猗梨枣、大白枣等木质化程度很强。合理施肥浇水，增强树体营养，采取抹芽摘心等修剪措施，均能促进枣树形成木质化枣吊，可增强枣树的开花坐果能力。大部分木质化枣吊后期因大风、自身干枯等原因而陆续脱落，而少部分木质化程度较高的枣吊进入春季可萌发，甚至形成枝条，但生长势弱，结果能力变差。

（三）叶

枣叶小，纸质；叶形有长圆形、卵圆形、卵状椭圆形、倒卵形、卵状披针形等，叶片纵径2.5~7.0厘米、横径1.5~4.0厘米，先端渐尖、急尖、钝尖，叶基稍不对称，近圆形，叶缘锯齿钝细。叶色正面绿色，背面浅绿，基生三出叶脉，其夹角为30°~60°，中脉延至叶顶，两侧脉至近叶上部环结，二次脉明显，三次脉呈网状。托叶小，有时呈托刺状，后期常脱落。

（四）芽

枣树有主芽（正芽或冬芽）和副芽（夏芽）等两种芽。主芽为鳞芽，着生在枣头一次枝和枣股的顶端或侧面节部，一般当年不萌发。副芽为裸芽，着生在主芽左上方或右上方，具有早熟性。主副二芽着生在同一结位上，为复芽。主芽翌春萌发，形成新的枣头或枣股，随着生长各节陆续形成主副二芽，其中枣头上的副芽随形成随萌发生长，形成二次枝；枣股上的副芽随形成随萌发生长，形成枣吊。枣股的侧生主芽发育较差，呈潜伏状，其寿命可达数十年甚至数百年，受刺激后易萌发枣头。这一特性有利于树体更新复壮，也是枣树寿命长的基础。另外，枣股衰老后的主芽受刺激而萌发形成分歧枣股，但生长弱，结实力差。

（五）花（图2-5）

枣树为多花树种，花为单生或3～10朵以上组成紧密的二歧聚伞花序或不完全二歧聚伞花序。枣花小，具萼片，花瓣、雄蕊多5枚，萼片绿色，卵状三角形，无毛；花瓣黄色，近匙形，开花前花瓣紧抱雄蕊，开花时与雄蕊分离，蜜盘（又称花盘）肥大，有5～10个槽或裂沟，单花盛开时蜜汁丰富，具浓香；雌蕊有2心皮合成，子房下部藏于蜜盘中，与蜜盘合生，柱头两半裂，稀3裂，子房2室，每室具胚珠1枚。枣花较小，花径仅6～8毫米。落花后，萼片、花瓣、雄蕊随幼果形成而脱落，唯柿顶枣的萼片宿存（肉质化），宿萼酸枣的萼片则革质化，果实成熟后仍留在果实基部。

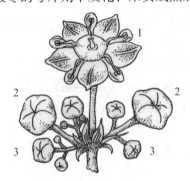

图2-5　花
1. 零级花　2. 一级花　3. 二级花

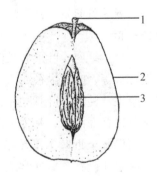

图2-6　果实
1. 果柄　2. 胴体　3. 枣核

（六）果实（图2-6）

枣果为真果，子房外壁形成外果皮，中壁形成果肉，内壁硬化成核，花梗形成果梗。据此特征，枣果属于核果类，但其梗洼环及其附近部分为蜜盘形成，这与桃、杏、梅等典型的核果类果实构造有所不同。枣果的大小和形状因品种不同差异极大。就大小来说，小者平均果重4~6克，大者25克以上；果形则有圆形、扁圆形、长圆形、椭圆形、倒卵形及葫芦形等。

（七）核和种子（图2-7）

核的形状变化较果实少些，一般多为扁纺锤形，顶端锐尖，基部钝或钝尖。此外，还有纺锤形和近椭圆形。核内不具或具1~2粒种子，种子由胚珠发育而成，多扁椭圆形。种皮两层，由内外珠被发育而成，外种皮坚硬具蜡质，有光泽，红褐色，内种皮较厚，棕色。种皮内具种仁，许多品种的种仁部分或全部败育，形成空核；也有个别品种的核与仁均退化，形成无核枣。核重一般0.4~0.8克，也有大于1克的。

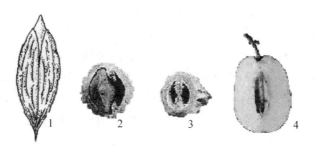

图2-7　核和种子

1. 枣核　2. 含种子枣核　3. 不含种子枣核　4. 无核枣果实

二、生物学特性

（一）花芽分化

枣树的花芽分化具有当年分化，随生长随分化，单花分化期短，分化速度快，全树分化持续期长等特点。当枣吊幼芽长2~3毫米，生长点侧方出现第一片幼叶时，叶腋间发生苞状突起，标志着花芽原始体即将出现；随枝条的生长，基部的花芽加深分化；当枣吊的幼芽长至1厘米时，最早分化的已完成花的形态分化。枣树的单花分化过程分为未分化期、分化初期、萼片期、花瓣期、雄蕊期和雌蕊期。单花分化时间为 6 天左右，单花序分化需 6~20 天。单个枣吊分化期一般需 1 个月左右，单株分化则需 2~3 个月。枣树从完成花芽发育到开花需时较短，仅为 42~45 天。枣树的花芽不仅可当年分化，而且可多次分化，因此造成开花期、结果期较长或 1 年多次结果。在一个花序中，先中心花(零级花)分化，然后为一级花、二级花、多级花；枣吊上的花芽从基部开始分化，渐及中部和上部；枣股上的枣吊，先萌发者先分化；枣头上一般为一次枝基部的枣吊先分化，以后二次枝上的枣吊以萌发顺序分化。

(二)开花、授粉和结实特性

枣花开放以树冠外围最早，渐及树冠内部。枣吊开花顺序为从近基部逐节向上开放；花序中则是中心花先开，再一级花、二级花和多级花。枣树单花开放过程，一般分为裂蕾、初开、萼片展开、瓣立、瓣平(盛开期、大量散粉)、花丝外展和萼筒凋萎等 7 个时期。单花开放时间因品种而异，但均在一天内完成。枣树品种的开花时间分为昼开型和夜开型两类，单花开放都经过明暗交替的过程，两种类型虽裂蕾时间不同，但主要散粉及授粉时间均为白天，且枣树的花粉量大(一般单花药的花粉量为 7.44 万~14.94 万粒)，因此不影响授粉。

枣花开放过程中，有的品种开花前花丝生长迅速，花瓣与雄蕊瞬间分离而产生弹力，可将花粉成团弹落在柱头和蜜盘上进行自动授粉；但有的品种仍需传粉媒介，枣花盛开时蜜汁丰富，香味浓郁，为典型的虫媒花，传粉媒介以蜜蜂为主。枣花单花寿命短，有效授粉期也短，以开花当天授粉的坐果率最高，随开花时间的延长，坐果率急剧下降。枣花授粉和花粉发芽均与自然条件有关，低温、干旱、多风及阴雨天气不利于授粉。枣花粉发芽以 24~26℃ 为宜，空气相对湿度低于 50% 时，影响花粉发芽。枣花粉活力与开花后的时间有关，以裂蕾到半开期最高。

枣的结实性是多种多样的，大多数品种可自花结实和单性结实，但配置授粉树可提高坐果率，有的品种对授粉树要求严格，有些品种甚至存在反交不实现象。

（三）果实发育特性

据枣果细胞分裂和果形变化，将果实发育分为三个时期。第一为迅速生长期。这是枣果发育最活跃的时期，为细胞分裂和迅速生长期。细胞分裂期一般持续 2～3 周。在细胞分裂期，细胞增长缓慢，且果实外观变化较小。而当细胞分裂一旦停止，细胞体积开始迅速增大，果实也相继出现增长高峰。花后 10 天左右形成种子雏形，核开始硬化，种皮、胚乳、子叶清晰可辨。细胞迅速生长期多为 2～4 周，此期果实纵径生长快于横径，空胞（细胞间隙）逐渐明显，至后期，子房直径超过蜜盘直径，果实由三角形变成圆锥形或倒卵形。第二为缓慢生长期。约持续 4 周。果实的各个部分增长速度下降，核硬化完成，在核硬化期内，种仁充实、饱满。由于此期果核木质化和营养物质的积累，空胞迅速扩大，果实重量和体积不断增长。第三为熟前增长期。细胞和果实的增长缓慢，主要进行营养物质的积累和转化，表现在果实已达品种特有大小，果皮退绿，开始着色，糖分迅速增加，风味加大，后期果实完熟，表现品种特有的色、形、味等。

（四）落花落果特性

枣树存在严重的落花落果现象，一般自然坐果率仅 1% 左右。枣树花后 1 周左右即开始大量落花（蕾），其波峰与开花波峰相似。在北方枣区，落果高峰出现在 6 月中下旬至 7 月上旬，即幼果迅速生长初期，此期落果量约占总量的 50% 以上；7 月中下旬，生理落果基本结束。后期落果多因病虫或机械损伤所致。

促花坐果，减少落花落果，挖掘生产潜力，这是枣树栽培中非常重要的研究课题，在生产上也具有重大现实意义。一般采用加强枣园土肥水管理、喷施植物生长调节剂、枣园放蜂、合理修剪、减少病虫害等综合管理措施促进开花坐果，提高坐果率。

（五）物候期

枣树生育期短，开始萌芽时间晚，落叶早，营养生长期 160 ~ 200 天。枣为喜温果树，其生长发育要求较高的温度，一般春季气温达 13 ~ 14℃ 时芽开始萌动，达到 18 ~ 20℃ 时枝叶才达到生长高峰。枣树的物候期，因地区和品种而不同，即使同地区、同品种，在不同年份的物候期也不同。在山西太谷地区的梨枣品种，一般在 4 月中旬萌芽。同株树上，枣股萌芽最早，枣头顶芽次之，侧芽较晚，相差 3 ~ 5 天。展叶期为 4 月下旬，全树叶片展开需 5 ~ 6 天。一般在展叶期花芽已开始分化，经 3 ~ 5 天即现蕾，5 月下旬至 6 月上旬开花，开花期 1 个月以上。8 月下旬枣果开始着色，多数品种 9 月下旬完熟采收，10 月中下旬落叶。

（六）生物学年龄时期

枣树具有开花结果早、早期丰产、更新能力强和寿命长的特点。在自然条件下，枣树的一生可划分为 5 个时期。

1. 生长期

生长期又称主干延伸期，树龄在 10 年以内。树体表现多为单轴直立生长，即顶芽每年连续萌发生长，极少发生侧枝；枣头离心生长旺盛，生长量大，节间较长。此期树势较强，以营养生长为主，结果较少。另外，此期根系生长旺盛，根系分布较浅，多水平延伸，但扩展范围较小，细根多。

2. 生长结果期

生长结果期又称树冠形成期，树龄在 10 ~ 15 年生后，一般可持续 15 年左右。此期生长仍较旺盛，分枝量增多，树冠不断扩大，树体骨架基本形成，并逐渐由营养生长向生殖生长转变，但产量不高。根系的生长与地上部分相适应，向外扩展较快，占据了较大的吸收面积，其细根数量仍占总根量的 97% 以上。

3. 结果期

结果期即盛果期，树龄在 25 ~ 80 年，可持续 50 年以上。此期根系和树冠的扩大均达最大，生长变缓，结果量迅速增加，产量达最高峰，后期出现向心更新。

4. 结果更新期

树龄80~100年，此期树冠内枯死枝条增多，部分骨干枝开始向心更新，树冠逐渐缩小，结实力开始下降，产量降低。

5. 衰老期

树龄百年以上。此期树势衰退，树体残缺不全，树冠、根系逐渐回缩，结果部位主要为更新枝，产量很低，品质下降。

在人工栽培管理下，枣树各年龄时期的时间长短会发生较大变化。生长期注意通过轻剪缓放和摘心、环剥等一些夏剪的技术措施，可提高坐果，增加产量。在生长结果期若管理措施得当，处理好生长与结果的关系，产量会上升很快。结果期通过加强管理，可维持较长时间的盛果期，使树体衰老延缓。结果更新期通过合理更新骨干枝，加强土壤肥水管理，可以保持枝条良好的生长结果能力，并获得较高的产量。衰老期由于枣树隐芽寿命很长，通过合理更新，会逐渐形成新的树冠并恢复产量，达到树体的更新复壮。

三、对环境条件的要求

（一）温度

枣树为喜温树种，其生长发育要求较高的温度。春季日均温达13~14℃时开始发芽，18~19℃时抽枝和花芽分化，20℃以上开花，花期适温为23~25℃，果实生长发育需达25℃以上，秋季气温降至15℃以下时开始落叶。枣树在休眠期较耐寒。

（二）湿度

枣树对湿度的适应性较强，在降水量不足100毫米至1000毫米以上的地区均有枣树栽培分布。在生育期对湿度的要求不同，花期湿度过低时影响坐果；果实发育后期至成熟期多雨时影响果实发育，易引起裂果和烂果。枣树根系的抗涝性较强。

（三）光照

枣树非常喜光，一般枣树在树冠外围和阳面结果较多。如栽植过密或树冠郁闭时，影响发枝，叶色浅，小而薄，花而不实，栽于峡谷的枣树，由于日照时间短，生长结果不良。

(四)风

枣树抗风力较强，在风蚀沙区埋干或露根的枣树均能正常生长，但在花期大风影响授粉受精，易导致落花落果。

(五)土壤和地势

枣树对土壤的适应性强，不论沙土、黏土或盐碱地均能栽培。枣树对土壤酸碱度的适应性较广。地势对枣树的生长影响不大，无论低洼盐碱地，还是山区丘陵地均能生长，高山地区也能栽培枣树。

第三章

优良枣树品种

一、枣树品种选择的基本要求

应主要根据市场、气候条件以及品种特性等方面进行考虑。选择有市场发展前途、适合本地发展、经济效益高的优良品种是枣树栽培的关键步骤，需要综合考虑的因素非常复杂，需慎重考虑。往往由于盲目随从、一窝蜂地大规模发展某一品种，最终因为土壤气候不适宜或市场销售困难而造成重大损失。因而，根据实际情况，因地制宜地选择合适的品种十分必要，要经过市场调查、查阅资料、咨询专家等形式，充分了解市场、品种特性以及自然气候条件等各方面情况后再做决定。

首先，必须考虑市场需求情况。不仅对当前的市场需求量、销售渠道、果品来源、上市时间、批发零售价格等进行咨询调查，而且要根据调查结果，分析目前市场空间和时间上的空缺，有待改善提高的地方。寻找新市场、新渠道和新产品，判断和认清符合实际的发展趋势以及可能的变化，做出相对正确的选择。对于鲜枣来说，由于贮存期短，成熟期过于集中，保持销售渠道的畅通显得更为重要和迫切。因此对市场要做到心中有数、有的放矢，要权衡利弊，寻找经济效益的最大化。

其次，调查枣树生产现状，根据目标市场红枣的现有来源、规模、品种、栽植范围和面积、挂果情况等，判断对自身产品销售的影响，趋利避害。

同时，也要了解本地土壤、气候、农业生产等条件，熟知选择品种的特征特性。通过咨询、查阅资料，以及自己亲自观察，既要了解本地的优势或品种的优点，而且要清楚不足之处，尤其是品种栽培管理的特殊要求。在生产实际中，尽量克服不足，扬长避短。对于本地没有的新品种或者是对本地情况和品种特性不了解时，在大规模发展前必须先引种试栽，试栽成功后才可规模化生产，而不能盲目效仿。

气候与品种两个因素之间相互选择，根据气候选择品种，根据品种特性选择满足其生长发育的气候环境，主要从以下几方面考虑：

(1)坐果期的临界最低温。枣花坐果要求较高的气温。如花期遇长时间的低温或连续降雨致使气温偏低，就会花而不实。根据研究，枣树的不同品种，在花期对偏低温度的忍耐力有明显的差别。以花朵坐果的临界低温划分，枣品种大体可分为广温型、常温型和高温型三种。

广温型品种：从花蕾开放到子房绿色加深，体积明显增长的6天期间，要求日均温不低于21℃。如临猗梨枣、大白枣等。这类品种适栽的区域非常广泛。如临猗梨枣在我国云南个旧市、广西桂林市、浙江义乌市、湖北随州市、辽宁义县、新疆乌鲁木齐市均表现良好。

常温型品种：花期要求日均温不低于23℃。这类品种在枣树中占多数，如宁阳六月鲜、北京鸡蛋枣等。该类品种果实在枣吊上的有效坐果节位正常情况下，集中在中部，如初花期气温高可前移。

高温型品种：花期要求日均温不低于23℃。即使在华北气温较高的地区，这类品种也只是枣吊的中、前部位容易坐果，而枣吊后部节位的花朵，因开放时温度不足极少坐果，如冬枣、成武冬枣等，由产地向北移，即表现出产量低的现象。

(2)果实生长期与积温。不同的枣树品种，果实生长期长短不一，因而有早熟、中熟、晚熟之分。引种时必须选择果实生长期短于当地适宜生长期的品种。根据经验，早熟品种北移，晚熟品种南移，栽培上易获得成功。一般无霜期超过 200 天的地区都能满足各类成熟期的枣树对生长期的要求；短于 200 天的地区，随着无霜期的缩短，引种的适宜范围也随之缩小，如无霜期短于 150 天，在枣树的栽培上难度就较大了。

(3)裂果和果实成熟期的降水。所有枣品种均有成熟期(从果实红圈至全红)遇雨裂果现象，鲜枣品种更为严重，而且一般品质越好越易裂果，给生产造成极严重的损失，严重地打击了枣产业的可持续发展。因此，枣树品种的裂果习性，也成了品种选择的限制因素。防止果实裂果是难度很大的工作，目前尚无在生产上应用的有效方法。通过气候和品种的相互选择来减轻裂果是一个较为长久的计策，一是抗雨，即选择成熟期遇雨对裂果有较强抗性的品种；二是避雨，又可通过三种途径实现避雨的目的：一是选择极早熟或极晚熟品种避开雨季的危害，二是选择成熟期少雨的地区栽植鲜枣，三是通过设施栽培避开雨水。例如壶瓶枣、骏枣等裂果严重，在我国干旱少雨的西北地区发展可显著减少。在我国华北地区大规模发展枣树，要选择抗裂品种或成熟期晚的品种，如冬枣、圆铃枣等，或通过设施栽培，使成熟期避过雨季或避开雨水，从而获得丰产丰收。

另外，需根据实际情况合理进行品种搭配。如果市场较成熟、需求大、销售渠道单一、规模化种植效益高，就要尽量保持品种的一致和纯正，这样不仅容易管理，而且生产成本低。相反，开辟新市场、市场小、需求量不大、销售渠道多样，或者是观光采摘果园，则要根据需求量，多个品种合理搭配，以满足多样化的要求，缓解市场销售压力，避免囤积腐烂。因而，要根据自己的实际情况，做到品种数量和规模的协调统一。品种搭配要考虑成熟期早、中、晚的搭配，不同品质特点的搭配，耐贮性品种的搭配，不同用途品种的搭配。一般优良品种的果实经济性状主要有外观漂亮，大小均匀，果皮薄，核小肉厚，不裂果，口感好，肉质脆，汁液多，酸甜适口，大小适宜。其他主要优良农艺性状包括适应能力强，早产速丰，落果轻，产量稳定，容易整形修剪，耐贮藏，抗病虫害能力强，抗裂果能力强。

二、枣树品种的主要农艺性状及分类

科学合理地选择品种首先必须对品种特性进行详细的了解，尤其是主要的农艺性状，在生产中实用性、针对性强的特征特性，主要包括如下几方面。

（一）果实性状

果实性状是决定果实品质优劣的主要因素，直接决定着枣树经济栽培的商品价值，因而是人们最为关注的品种特性之一。主要包括外观品质和内在品质。

外观品质又分为果实大小、整齐度、形状、颜色、光泽、光滑度、果皮厚度等。通常主要根据果实大小进行分类，把枣大致分为大枣和小枣两类，大枣品种单果重一般15克以上，如襄汾圆枣、宁阳六月鲜、不落酥，特大枣品种临猗梨枣、大白铃、大白枣、湖南鸡蛋枣等；小枣单果重一般在15克以下，如冬枣、郎家园枣、临汾蜜枣、太谷鸡心蜜枣等。根据果实形状大致分为圆形、卵圆形、长圆枣、圆锥形、葫芦形等。圆枣有冬枣、北京缨络枣、大荔蜂蜜罐等，卵圆形枣有临猗梨枣、郎家园枣、宁阳六月鲜等，长圆枣有北京鸡蛋枣、成武冬枣、冷白玉等；圆锥形枣有羊奶枣、山东辣角枣等，葫芦形鲜枣如山西葫芦枣、妈妈枣等。

鲜枣果实内在品质主要特点一般表现为肉质细脆，汁液丰富，皮薄肉厚，酸甜适口，无异味。酥脆细腻、酸甜适口的品种有冬枣、大荔蜂蜜罐、山东梨枣、北京马牙白、泰安马铃脆、北京杂杂枣、临汾蜜枣等。

（二）产量性状

产量性状包括早果性、丰产性、稳产性（大小年程度）等，是生产中最为关注的农艺形状之一。一般通过盛果期来判断产生经济效益的早晚，早期丰产的枣品种一般在3~5年即可进入盛果期，品种有临猗梨枣、大白铃、蜂蜜罐等，5~10年进入盛果期则丰产晚，见效慢，品种有冬枣、不落酥等；密植纯枣园盛果期亩产能稳定达到1500~2000 千克即为丰产，500~1500 千克为中等产量，500 千克以下即为低产。还需了解丰产差的品种通过管理方法的改进能否提高和提高何种程度等情况，对低产品种不能一概否定。

（三）生长习性

生长习性包括生长势、矮化性、成枝力等，详细了解生长习性，可以根据不同品种生长特点，科学地进行生产规划和管理，选择不同的栽植方式、树型选择、修剪方法、田间管理等。例如具有矮化生长习性的可以密植栽培，成枝力的强的品种修剪时要多抹芽、疏枝和甩放，成枝力弱的品种则要通过短截、刻芽等措施强刺激隐芽的萌发的生长，以利于树型的培养。

（四）果实成熟期

根据市场需求，详细了解品种的成熟期，以取得最佳的时间效益。一般分为 5 个类型：①极早熟品种，8 月成熟，如早红蜜、早脆蜜、伏脆蜜、七月鲜等。②早熟品种，9 月上旬成熟，如山东梨枣、不落酥、蜂蜜罐等。③中熟品种，9 月中旬成熟，如湖南鸡蛋枣、北京嘎嘎枣、妈妈枣、北京马牙白等。④晚熟品种，9 月下旬成熟，如临猗梨枣、大白枣、大白铃、冷白玉等。⑤极晚熟品种，10 月成熟，如冬枣、成武冬枣等。

（五）鲜枣耐贮性

对于用于鲜枣贮藏保鲜的品种，要重点了解其耐贮性能，选择耐贮品种。鲜枣耐贮性一般分为三个等级：①不耐贮品种，如临猗梨枣、大白枣等；②较耐贮品种，如宁阳六月鲜、孔府酥脆、北京白枣等；③耐贮品种，如冷白玉枣、襄汾圆枣、永济蛤蟆枣等。

（六）抗裂果性

对于成熟期多雨的地区一定要选择抗裂品种。抗裂果能力分为五级：①极易裂品种；②易裂品种；③中等抗裂品种；④抗裂品种；⑤极抗裂品种。

（七）适应性

满足品种正常生长发育的地理气候条件，主要有花期温度、冬季最低温、无霜期(有效积温)、降水量、光照时间等,科学选择适于本地气候条件的品种,以及达到最佳经济效益。

三、枣树品种介绍

(一)冬枣(彩图1)

1. 品种来源及分布

原产于河北省的黄骅、盐山和山东省的沾化、枣庄等市、县,分布较广。因成熟期晚而得名,沾化冬枣、黄骅冬枣、雁来红等品种均属此类型。该品种栽培历史悠久,河北黄骅市齐家务乡的巨官(现称聚馆)

村现存100年生以上大面积古枣林,树龄最大的约有500年。

2. 植物学性状

树冠自然半圆形,树姿较开张,干性较强,枝条细而密。枣头灰绿色,平均长57.4厘米,节间长7.8厘米。针刺基本退化。一般每个枣头着生4~7个二次枝,二次枝长度32.9厘米,节间数5~8个。枣股较小,平均抽生枣吊4.3个。枣吊平均长19.0厘米,着叶11片。叶片中等大,卵圆形,两侧略向叶面合抱,叶长5.3厘米,宽2.6厘米,先端钝尖,叶基偏斜,叶缘锯齿细。花量多,每花序着花3~7朵,但花小,花径5.0~5.8毫米,属夜开型。

3. 生物学特性

树体较小,树势中庸,萌芽率和成枝力强,结果较早,一般定植第二年结果,第三年有一定产量,但产量较低。10年左右进入盛果期,产量中等,一般株产鲜枣15千克。幼龄枝结实能力较差,枣头和2~3年生枝的吊果率分别为44.6%和33.7%。该品种在山西太谷地区,9月中旬果实进入白熟期,10月中旬开始成熟采收,属极晚熟品种,果实生育期120天以上。果实较抗病和抗裂果。

4. 果实经济性状

果个较小,近圆形,纵径3.1厘米,横径2.8厘米,平均果重11.9克,大小不整齐。果皮薄,红色,果面平滑。果点小而圆,浅黄色，分布较密。果梗细而较长，梗洼中等大，较浅。果顶微凹，柱头遗存，不明显。肉质细嫩酥脆，味甜，汁液多，品质极上，适宜鲜食。鲜枣耐贮藏，普通冷藏条件下可贮藏90天以上。鲜枣可食率93.7%，含可溶性固形物37.8%，单糖14.8%，双糖19%，总糖33.8%，维生素C含量292.6毫克/100克。成熟期果皮含黄酮25.59毫克/克，环磷酸腺苷含量94.91微克/克。核较小，椭圆形，纵径1.7厘米，横径0.7厘米，重0.7克。核尖短，核纹中度深，含仁率86.7%，种仁较饱满，多为单仁，可作育种亲本。

5. 评价

该品种果实生育期长，成熟晚，适宜年均温11℃以上的地区种植。适宜中密度栽培，亩栽80～90株。早期丰产性能较差，为获得较高产量须采取花期开甲等提高坐果率的措施。该品种是目前大面积推广的鲜食品质极佳、抗病、耐贮的极晚熟优良品种。

（二）溆浦鸡蛋枣（彩图2）

1. 品种来源及分布

别名湖南鸡蛋枣。原产湖南省的溆浦、麻阳、衡山、祁阳等地，为当地主栽品种，栽培历史200年以上。

2. 植物学性状

树体中等偏小，树姿开张，干性较弱，枝条较稀疏，树冠半圆形。皮裂条状较深，易剥落。枣头红褐色，平均生长量95.9厘米，粗0.97厘米，节间长7.9厘米，着生二次枝7～11个，二次枝长度30.1厘米，平均生长7节。针刺较发达。皮目中等大，椭圆形，分布稀，凸起，开裂，灰白色。枣股大，圆柱形，抽吊力中等，一般每股抽生3～4吊。枣吊较短，平均长度25.6厘米，着叶20片。叶片中等大或较小，椭圆形，浓绿色，叶长5.0厘米，宽2.7厘米。先端急尖，叶基圆楔形，叶缘锯齿粗钝、较密。花量少，每花序平均着花3朵。花较大，零级花花径7.5毫米。

3. 生物学特性

树势中庸，成枝力中等。开花结果极早，坐果率高，早期丰产性能极强，盛果期产量高。一般定植第二年普遍结果，3~4 年生进入初果期，株产 3~5 千克，5 年生后大量结果，盛果期株产可达 20 千克左右。幼龄枝结实能力强，枣头、2~3 年生枝和 4 年生以上枝的吊果率分别为 70.0%、79.2% 和 82.8%。在山西太谷地区，9 月中旬果实成熟，果实生育期 100 天左右，为早中熟品种类型。成熟期枣果有软化现象，抗黑斑病能力较差。

4. 果实经济性状

果实大，近圆形，纵径 4.20 厘米，横径 3.70 厘米，平均果重 37.8 克，最大可达 60.0 克，大小较整齐。果皮薄，紫红色，果面欠光滑。果点大而明显，圆形，分布密。果梗短，中等粗，梗洼窄而深。果顶凹，柱头遗存。果肉厚，绿白色或乳白色，肉质疏松较脆，味甜，汁液中等多，品质上等，适宜鲜食和加工蜜枣。鲜枣可食率 96.00%，可溶性固形物含量 33.00%，酸 0.14%，维生素 C 含量 333.50 毫克/100 克。成熟期果皮含黄酮 12.43 毫克/克，环磷酸腺苷含量 260.92 微克/克。核较小，纺锤形，纵径 2.00~2.50 厘米，横径 0.90~1.10 厘米，重 0.55 克，核尖较短，核纹较深，核面粗糙，种仁不饱满，含仁率 15.0%。

5. 评价

该品种树体较小，结果早，丰产稳产，适宜密植栽培，亩栽 90~110 株。为大果、优质、成熟期较早的鲜食优良品种，可在水肥条件较好、交通便利的城郊地区发展。应注意果实进入脆熟期后及时分期采收。

(三)冷白玉(彩图3)

1. 品种来源及分布

山西省农科院果树研究所 1990 年通过株系选优的育种方式从北京白枣品种群中选育出的矮化、丰产、质优、耐贮、抗病、抗裂果的晚熟鲜食枣新品种，

2006 年通过省级审定。

2. 植物学性状

树体中等大小，树冠结构紧凑，树姿半开张，干性较强。枣头枝较粗壮，黄褐色，少有或无针刺，当年生枣头枝长度 97.0 厘米。二次枝曲折度小，长 25.0 厘米。枣股圆锥形，着生 2~3 个枣吊。枣吊较长而粗壮，着生叶片数 14.3 片。叶片较大，椭圆形，卷曲、不平展，绿色。每花序着花数 8.3 朵，花径 6.1 毫米。

3. 生物学特性

萌芽率较强，顶端优势明显，发枝力较弱，树冠较紧凑，冠径较小。股吊率和果吊率较高，以 2~3 龄等幼龄枝的枣吊中部结果为主，定植当年开花株率达 29.8%，第二年为 59.3%，第三年 90% 以上的植株结果并迅速进入结果期，平均株产 2 千克，最高可达 4 千克。5 年后进入盛果期开始大量结果，平均株产 15 千克，最高 25 千克。在山西太谷地区 9 月 20 日左右进入脆熟期，9 月底至 10 月初枣果全红，可持续到 10 月 15 日左右。营养生长天数为 190~200 天，果实生育期 120 天左右，属晚熟品种。

4. 果实经济性状

果个较大，平均单果重 19.5 克，最大的 30 克，倒卵圆形或长椭圆形，色泽暗红色，大小整齐一致，果面较光滑。果皮较薄，果肉质地致密、酥脆、多汁、味酸甜、口感极佳。鲜枣可食率 96.8%，可溶性固形物含量 29.4%，总糖 21.8%，单糖 8.11%，双糖 13.07%，可滴定酸含量 0.22%，糖酸比为 94.55，100 克鲜枣果肉含维生素 C438.9 毫克。枣核较小，倒卵圆形，核重 0.61 克。

5. 评价

该品种具有树体矮化、结果早、早期丰产、果实品质优异、耐贮运、抗病、较抗裂果等优异特性，成熟期正值中秋至国庆佳节期间，可填补国庆节期间鲜枣市场，经济效益好。

(四)大白铃(彩图4)

1. 品种来源及分布

别名梨枣、鸭蛋枣。原产山东省的夏津县,分布于山东省的临清、武城、阳谷和河北省的献县等地。多为零星栽植。

2. 植物学性状

树体较小,树势中等,树姿较开张,干性强,枝条中密,树冠伞形。皮裂浅,呈条状,易剥落。枣头红褐色,平均生长量81.0厘米,粗1.06厘米,节间长8.0厘米。二次枝长度29.1厘米,平均生长6节。针刺不发达。皮目大,圆形或长圆形,凸起,开裂。枣股中等大,抽吊力中等,平均每股抽生3~4吊。枣吊平均长度23.5厘米,着叶16片。叶片中等大,椭圆形,浓绿色,叶长5.9厘米,宽3.1厘米,先端钝尖,叶基圆楔形,叶缘锯齿较粗,密度中等。花量多,每花序着花10~11朵。花小,花径6毫米。

3. 生物学特性

树势中庸健壮,成枝力较强。开花结果早,坐果率高,早期丰产性能强,盛果期产量高。一般定植第二年普遍结果,4年生左右进入初果期,株产3~5千克,6年生左右大量结果,盛果期株产可达20千克左右。幼龄枝结实能力强,枣头、2~3年生枝和4年生以上枝的吊果率分别为60.0%、100.6%和85.2%。在山西太谷地区,9月中旬开始果实进入脆熟期,9月下旬全红完熟,果实生育期110天左右,为中晚熟品种类型。进入脆熟期后枣果有软化现象,抗黑斑病中等。

4. 果实经济性状

果实大,近圆形,纵径4.2厘米,横径4.0厘米,平均果重31.9克,最大42.0克,大小较整齐。果梗短而粗,梗洼窄而深。果顶平,柱头遗存。果点小而密,圆形,浅黄色。果皮较薄,紫红色,果面欠平滑。果肉厚,绿白色,肉质松脆,味甜,汁液中多,品质上等,适宜鲜食。鲜枣可食率96.3%,含可溶性固形物33.00%,

总糖24.50%，酸0.28%，维生素C含量280.08毫克/100克。成熟期果皮含黄酮55.54毫克/克，环磷酸腺苷含量127.48微克/克。核小，纺锤形，纵径2.2～2.4厘米，横径1.0～1.2厘米，重0.9克，核尖短，核内几乎无种仁。

5. 评价

该品种树体健壮，结果早，早期丰产性能强，适宜密植栽培，亩栽90～110株。果实大，外观艳丽，品质优异，为优良的中晚熟鲜食品种。目前已在山西、山东、河北、河南、陕西及南方枣区规模发展，表现丰产。质优及适应性较强的特性，可望代替临猗梨枣品种。

(五)早红蜜(彩图5)

1. 品种来源及分布

山西省农科院果树研究所通过地方品种资源调查研究、株系选优和区试试验，在山西太谷枣产区选育出的极早熟、丰产、优质鲜食枣品种，2017年通过省级审定。

2. 植物学性状

树体较小，树冠呈圆头形，树姿半开张，干性弱。枣头黄褐色，生长势中等，平均长67.2厘米，二次枝生长6～7节。幼龄枝针刺发达，多年生老弱枝部分脱落。枣吊较长，平均长24.3厘米，平均着叶13.2片。叶片大，浓绿色，较光亮，合抱状，卵状披针形。花量中多，花序平均着花9朵。密盘乳黄色，花径6.6毫米。

3. 生物学特性

树体矮化，树势中庸，发枝力较弱，幼龄枝结果能力较强。经连续多年调查表明，股吊率和果吊率较高，以2～3龄等幼龄枝的枣吊中部结果为主，2～3年生枝的枣吊平均结果2.28个，3年以上枝1.53个。定植第二年开始结果，第三年有一定产量，平均株产3.6千克，最高可达5千克。4～5年进入盛果期，平均株产13.8千克，最高23.5千克，每公顷产量可达18 000千克。高接树嫁接当年部分结果，第二年全部结果，株产达 3 千克，第三年进入盛果期，可提前 1～2 年进入盛果期。在山西太谷地区，8 月 25 日脆熟采收，脆熟期持续 10 天左右。落叶期为 10 月中下旬。营养生长期为 170～180 天，果实生育期 85 天左右，属极早熟品种。

4. 果实经济性状

果形卵圆形，平均单果重 10.3 克，大小较整齐。果皮薄，鲜红色，阳面有果晕，果面光滑。果肉厚，浅绿色，肉质细脆，味甜略酸，汁液多，鲜食品质极佳。鲜枣可食率 97.1%，可溶性固形物含量 30.2%，总糖含量 28.1%，可滴定酸含量 0.63%，维生素 C 含量 277.3 毫克/100 克。核小，纺锤形，核重 0.3 克。

5. 评价

该品种具有结果早、早期丰产、成熟期极早且较为一致、果实大小整齐、鲜食品质优异、抗病虫性强等优异特性，可进行露地生产栽培，更适宜设施促成栽培，有望发展成为鲜食枣生产和改良品种结构的主推品种，提早上市，有利于延长鲜枣货架期，提高经济效益，推广应用和市场前景广阔。

（六）永济蛤蟆枣（彩图 6）

1. 品种来源及分布

原产于山西省永济市的仁阳、太宁等村，为当地主栽品种。栽培历史不详。

2. 植物学性状

树体高大，树姿较直立，中心干顶端优势较强，枝叶较稀疏。树皮裂纹呈条状且裂纹较深，较易脱落。枣头红褐色，萌发力中等，生长势强，平均生长量 75.9 厘米，节间长 7～9 厘米，二次枝长度 29.4 厘米，7～9 节。针刺不发达。枣股较大，抽吊力中等，每股平均抽生 3.27 吊。枣吊平均长 21.8 厘米，着叶 16 片。叶片大，长卵圆形，浓绿色，叶长 6.2 厘米，宽 3.4 厘米，先端锐尖，叶基圆楔形，叶缘锯齿较细。花量中多，每吊平均着花 57.2 朵，每花序着花 4.11 朵。花大，零级花花径 8.7 毫米，昼开型。

3. 生物学特性

树势强健，成枝力较弱。一般定植第二年开始结果，10 年后进入盛果期。坐果率中等。枣头、2～3 年生枝和 4 年生枝吊果率分别为 49.0%、48.9% 和 29.6%，主要坐果部位在枣吊的 5～10 节，占坐果总数的 66.9%。在山西太谷地区，9 月上旬果实着色，9 月下旬进入脆熟期，果实生育期 110 天左右，为晚熟品种类型。成熟期遇雨易裂果，采前落果极轻。

4. 果实经济性状

果实大，扁柱形，纵径 4.93 厘米，横径 3.61 厘米，平均果重 25.4 克，大小较整齐。果皮薄，紫红色，果面不平滑，有明显小块瘤状隆起和紫黑色斑点，类似癞蛤蟆瘤状，故称"蛤蟆枣"。果点较小而不明显，但密度较大。果顶平或微凹，柱头遗存。果梗中等粗，较长，梗洼窄而深。果肉厚，绿白色，肉质细而松脆，味甜，汁液较多，品质上等，适宜鲜食。鲜枣耐贮藏，冷库条件下可保鲜 3 个月以上。鲜枣可食率 95.70%，含可溶性固形物 32.40%，总糖 28.10%，酸 0.50%，维生素 C 含量 420.82 毫克/100 克。成熟期果皮含黄酮 59.05 毫克/克，环磷酸腺苷含量 79.49 微克/克。果核小，纺锤形，纵径 2.87 厘米，横径 0.99 厘米，核重 0.94 克。核尖中长，核纹较深，核面粗糙，含仁率仅 3.3%。

5. 评价

该品种适土性差，要求良好的水肥条件，在较精细的栽培管理条件下才能获得较高产量。不适宜密植栽培，整形修剪时注意采取刻芽、重短截等促进发枝的措施。该品种果实特大，可食率高，鲜食品质优良，较耐贮藏，为优质、耐贮的中晚熟鲜食品种，可适度发展。

（七）不落酥（彩图7）

1. 品种来源及分布

原产和集中分布于山西省平遥县辛村乡的赵家庄一带，栽培数量少，历史不详。

2. 植物学性状

树体较小,树姿开张,干性弱,枝条细而较密,树冠乱头形,树皮裂纹条状,中等深。枣头红褐色,平均生长量 62.7 厘米,粗度 0.96 厘米,节间长 6.6 厘米。二次枝着生部位较高,每枣头着生二次枝 5~6 个,二次枝长 27.8 厘米,6 节左右。针刺不发达,基本退化。皮目小,圆形,灰白色,中密。枣股小,圆锥形,抽吊力较强,每股平均抽生 4 吊。枣吊细而长,平均长 22.0 厘米,着叶 17 片。叶片中等大,椭圆形,叶长 5.1 厘米,宽 2.6 厘米,先端锐尖,叶基偏圆形,叶缘锯齿中密,较细。花量较少,每吊平均着花 44.2 朵,每花序 3 朵左右。花中等大,花柄长,花径 6.5 毫米左右。

3. 生物学特性

树体较小,树势和干性较弱,萌芽率高,成枝力较强。结果较早,定植第二年开始结果,坐果率中等偏低,枣头、2~3 年生枝和 4 年生枝的吊果率分别为 19.0%、16.5% 和 12.1%,主要坐果部位在枣吊的 3~8 节。产量中等,较稳定。在山西太谷地区,8 月下旬果实着色,9 月中旬进入脆熟期,果实生育期 105 天左右,为中熟品种类型。枣果白熟期后遇雨易裂果,采前落果轻。

4. 果实经济性状

果个较大,倒卵圆形,纵径 4.21 厘米,横径 3.32 厘米,平均果重 20.6 克,大小较整齐。果肩平,果梗细长,梗洼窄深。果顶微凹,柱头遗存。果皮薄,浅红色,果面粗糙而不平整。果点中大,稀疏而不明显。果肉厚,绿白色,肉质细而酥脆,甜味浓,汁液较多,口感极佳,适宜鲜食。鲜枣可食率 95.60%,含可溶性固形物 34.80%,总糖 27.92%,酸 0.35%,维生素 C 含量 284.12 毫克/100 克。成熟期果皮含黄酮 31.03 毫克/克,环磷酸腺苷含量 101.58 微克/克。核较小,纺锤形,纵径 2.66 厘米,横径 0.95 厘米,重 0.98 克。核尖较长,核面粗糙,部分核内含有种子,种仁不饱满,含仁率 45.0%。

5. 评价

该品种适应性较强,适宜密植栽培,但要求较高的肥水条件。

果实大，可食率高，品质优良，为优良的中熟鲜食品种。但产量不高，易裂果，不宜大面积栽培。

（八）襄汾圆枣（彩图8）

1. 品种来源及分布

原产山西省襄汾县，栽培面积较小，历史不详。

2. 植物学性状

树体中等大，树势中庸，树姿开张，干性中等，枝量较少且较细。主干皮裂较浅，呈块状，较易脱落。枣头黄褐色，生长势中等，平均生长量57.7厘米，粗度0.85厘米，节间长7.5厘米，着生二次枝5个左右，长度26.5厘米，二次枝节数5节。针刺较发达。皮目中等大，分布较密，卵圆形，凸起，开裂，灰白色。枣股小，圆锥形，抽吊力强，每股抽生4~6吊。枣吊明显下垂且较长，平均长度21.6厘米，着叶15片。叶片小，椭圆形，浓绿色，叶长6.3厘米，宽2.7厘米，先端尖凹，叶基圆楔形，叶缘锯齿中密，较粗钝。花量中多，每吊平均着花62.3朵，每花序4.5朵。花小，零级花花径6.44毫米，昼开型。

3. 生物学特性

树势中等，成枝力较弱。结果较迟，一般定植第三年开始结果，10年后进入盛果期，产量中等。幼龄枝坐果率较低，随枝龄增大，坐果率提高。枣头、2~3年生枝和4年生枝的吊果率分别为13.4%、22.2%和26.5%，主要坐果部位在枣吊的5~9节。在山西太谷地区，9月中旬果实着色，9月底至10月初成熟，果实生育期115天左右，为晚熟品种类型。

4. 果实经济性状

果实较大，卵圆形，纵径3.55厘米，横径2.80厘米，平均果重15.4克，大小较整齐。果皮薄，浅红色，果面平滑。果点小而密，圆形，浅黄色。果梗较粗长，梗洼窄而深。果顶微凹，柱头遗存，不明显。果肉厚，浅绿色，肉质细脆，味甜略酸，汁液多，品质上等，适宜鲜食。鲜枣耐贮藏，冷库保鲜可达3个月左右。鲜枣可食率 96.10%，含可溶性固形物 30.00%，总糖 24.50%，酸 0.48%，维生素 C 含量 341.39 毫克/100 克。成熟期果皮含黄酮 20.10 毫克/克，环磷酸腺苷含量 123.07 微克/克。果核较小，纺锤形，核重 0.62 克，多数核内含饱满的种子，含仁率高达 85.0%。

5. 评价

该品种果实较大，果个均匀，品质好，耐贮藏，为鲜食晚熟良种，可适度发展。但树体扩冠速度慢，结果较迟，产量不高，生产中需加强整形修剪和肥水管理，注意采取提高坐果率的技术措施。

（九）平陆尖枣（彩图 9）

1. 品种来源及分布

原产山西省平陆县的岳村一带，栽培数量不多，历史不详。

2. 植物学性状

树体较小，树姿开张，干性较强，枝条中密，树冠圆锥形。主干皮裂较浅，呈小块状，不易脱落。枣头红褐色，平均生长量 62.7 厘米，粗 1.01 厘米，节间长 8.2 厘米。着生二次枝 5 个左右，长度 34.3 厘米，节数 5 节。针刺不发达。枣股中等大，圆锥形，抽吊力较强，每股抽生 3～4 吊。枣吊短，平均长 12.2 厘米，着叶 11 片。叶片较小，卵圆形，绿色，叶长 5.3 厘米，宽 2.6 厘米，先端锐尖，叶基圆形，叶缘锯齿粗浅、圆钝。花量较多，花小，零级花花径 6.18 毫米，昼开型。

3. 生物学特性

树势中庸健壮，萌芽率和成枝力较强。开花结果早，早期丰产性能强。嫁接苗当年即可挂果，第二年普遍结果，4～5 年进入初果期，5 年后大量结果，盛果期株产可达 25 千克左右。幼龄枝结实能力强，枣头吊果率可达 100%，2～3 年生枝也在 50% 以上。在山西太谷地区，9 月中旬果实着色，9 月下旬进入脆熟期，果实生育期 105 天左右，为晚熟品种类型。

4. 果实经济性状

果个较小，圆锥形，纵径 3.74 厘米，横径 2.36 厘米，平均果重 10.2 克，大小较整齐。果皮薄，紫红色，果面平滑。果点小而密，圆形，较明显。果梗较粗短，梗洼浅、中广。果顶尖，柱头遗存。果肉厚，肉质酥脆，味甜，汁液多，品质上等，适宜鲜食。鲜枣耐贮藏，脆熟期鲜枣可食率 94.30%，可溶性固形物含量 28.50%，单糖 11.58%，双糖 9.60%，总糖 21.18%，酸 0.52%，维生素 C 含量 407.97 毫克/100 克。成熟期果皮含黄酮 3.91 毫克/克，环磷酸腺苷含量 122.17 微克/克。核小，纺锤形，纵径 2.28 厘米，横径 0.73 厘米，重 0.56 克，含仁率 91.7%，种仁较饱满。

5. 评价

该品种树体较小，开花结果早，早期丰产性能强，可进行密植栽培，亩栽 90 株左右，但要加强树体和肥水管理。果实较大，肉厚核小，可食率高，果肉细脆，味甜，优质，耐贮，为优良中晚熟鲜食品种，也可用于醉枣加工。

(十)山东梨枣(彩图 10)

1. 品种来源及分布

别名鲁北梨枣、大铃枣、脆枣。原产山东和河北省交界处的乐陵、庆云、无棣、盐山、黄骅等地。多为庭院零星栽植。

2. 植物学性状

树体中等大，树姿开张，干性较强，树冠自然圆头形。树皮呈条状纵裂，不易剥落。枣头黄褐色，生长势较强，较粗壮，平均生长量 73.7 厘米，粗 1.16 厘米，节间长 7.9 厘米，二次枝长度 34.2 厘米，平均 7 节。无针刺。皮目中等大，圆形，分布密，凸起，开裂。枣股中等大，圆柱形，5~6 年生枣股长 1.3 厘米，粗 1.1 厘米，抽吊力中等，平均每股抽生 3~4 吊。枣吊粗而长，一般长 20~24 厘米。叶片中等大，卵状披针形，浓绿色，中等厚，先端渐尖，叶基圆形或广楔形，叶缘锯齿细而较密。花量特多，每花序着花 8~10

朵，最多达 15 朵以上。花较大，花径 7 ~ 8 毫米，无花粉，为夜开型。

3. 生物学特性

树势中等，萌芽率和成枝力较强，结果早，早期丰产性能较强，产量稳定。一般定植当年即可结果，3 ~ 4 年生进入初果期，6 年生后大量结果，盛果期株产可达 20 千克左右。幼龄枝结实能力较强，2 ~ 3 年生枝吊果率 73.3%，4 年以上枝较低，仅为 18.3%。在山西太谷地区，9 月上旬枣果进入脆熟期，果实生育期 90 天左右，为早熟品种类型。果实抗病性强，较抗裂果。

4. 果实经济性状

果个大，果形多为梨形或倒卵圆形，纵径 3.90 厘米，横径 3.30 厘米，平均果重 22.4 克，最大可达 55.0 克，大小不整齐。果皮较薄，红色，果面有隆起。果点小，圆形，浅黄色，不明显。果梗粗而短，梗洼窄而深。果顶微凹，柱头遗存。果肉厚，绿白色，肉质细而酥脆，味甜微酸，汁液多，品质极上，适宜鲜食。鲜枣可食率 95.80%，含可溶性固形物 29.40%，糖 22.76%，酸 0.33%，维生素 C 含量 353.10 毫克/100 克。成熟期果皮环磷酸腺苷含量 68.72 微克/克。核小，纺锤形，纵径 2.60 厘米，横径 0.90 厘米，重 1.03 克。含仁率 86.7%，种仁较饱满。

5. 评价

该品种较适宜密植栽培，亩栽 90 株左右为宜。为大果、优质、抗病、较抗裂果的早熟优良品种，可规模发展栽培。

（十一）成武冬枣（彩图 11）

1. 品种来源及分布

原产山东省成武县，分布于成武、菏泽、曹县等地。多为庭院零星栽植。栽培历史不详。

2. 植物学性状

树体高大，树姿较直立，干性较强，枝条较稀，粗壮，树冠圆锥形。皮裂较宽呈条状，易剥落。枣头红褐色，生长势较强，平均生长量77.9厘米，粗1.32厘米，节间长8.0厘米，二次枝长度31.9厘米，平均7节。无针刺。皮目中等大，较稀，椭圆形。枣股较大，圆锥形，最长2厘米以上，抽吊力较强，每股抽生3~5吊。枣吊平均长26.3厘米，着叶15片。叶片大而厚，浓绿色，椭圆形，叶长6.1厘米，宽2.9厘米，先端急尖，叶基圆楔形，叶缘锯齿粗，中密。花量较多，每花序着花3~7朵，花中等大，花径7毫米左右。

3. 生物学特性

树势较强，干性明显，成枝力较弱。结果较早，一般定植第二年挂果，10年生后开始大量结果，早期丰产性能和盛果期产量中等。在山西太谷地区，枣果10月上旬进入脆熟期，果实生育期120天左右，为极晚熟品种类型。枣果抗病性强，较抗裂果。

4. 果实经济性状

果个大，果形长卵形，似杧果状，纵径4.99厘米，横径3.31厘米，平均果重20.6克，最大32.1克，大小不整齐。果梗短而较粗，梗洼窄而较深。果顶平，柱头遗存而明显。果皮中等厚，浅红色，果面不平整。果点小而圆，分布密。果肉厚，乳白色，肉质细而松脆，味甜微酸，汁液中等多，品质中等，较耐贮藏，适宜鲜食。鲜枣可食率97.00%，含可溶性固形物33.20%，总糖22.36%，酸0.34%，维生素C含量410.23毫克/100克。成熟期果皮含黄酮2.76毫克/克，环磷酸腺苷含量173.65微克/克。核小，纺锤形，纵径2.90厘米，横径0.90厘米，重0.69克，核尖长，核面较粗糙，核纹中度深，多数核内含有种仁，含仁率88.3%。

5. 评价

该品种为大果、优质、抗病、晚熟的鲜食优良品种，可在生育期较长的地区适度规模发展。在生产栽培中应注意采取控制树势和促进早期丰产的技术措施。

(十二)宁阳六月鲜(彩图 12)

1. 品种来源及分布

分布于山东省的宁阳、济宁等地,系当地原产品种,数量极少。

2. 植物学性状

树体较大,树姿开张,干性强,枝条中密,树冠自然圆头形。树干灰褐色,树皮条状纵裂。枣头紫褐色,生长量大,平均长度 86.9 厘米,节间长 9.5 厘米。二次枝生长量大,平均长度 41 厘米,着生 7 节左右。针刺不发达,弱枝常无针刺。皮孔中大,圆形,凸起,开裂。枣股圆柱形,一般抽生 3～5 个枣吊。枣吊长 24.2 厘米,着叶 13 片。叶片卵状披针形,两侧向叶背反卷,中厚,绿色,富有光泽。叶长 7.0 厘米,叶宽 3.5 厘米,先端锐尖,叶基偏斜形,叶缘锯齿粗大。花量中等,每花序着花 3～7 朵。花中大,昼开型,花粉较多。

3. 生物学特性

树势和发枝力强,结果较早,早期丰产性能较强,产量稳定。花朵坐果要求温度较高。在花期气温不稳定,或日均温低于 24℃ 的年份坐果不良,气温高的年份坐果好,产量高。平均吊果率 22.3%。在山西太谷地区,9 月中旬果实着色成熟,果实生育期 100 天左右,为中熟品种类型。较抗裂果和抗病。

4. 果实经济性状

果实中等大,果形不一,有长椭圆形、卵圆形、倒卵形等多种形状。果个大小较整齐,纵径 3.60 厘米,横径 2.70 厘米,平均果重 13.0 克。果肩平圆,有数条浅沟棱。梗洼中广,浅或中深。环洼深,中等大。果柄粗短,果顶圆或广圆。果面不平整,果皮较厚,浅红色。果点圆形,中等大,密度大,不显著。果肉白绿色,质地细脆,汁液多,甜味浓,略具酸味,口感上佳,适宜鲜食。鲜枣可食率 93.00%,含可溶性固形物 37.20%,总糖 29.60%,酸 0.57%,维生素 C 含量 349.29 毫克/100 克。成熟期果皮含黄酮 13.27 毫克/

克，环磷酸腺苷含量 248.67 微克/克。果核中等大，长纺锤形或椭圆形，核重 0.85 克，核蒂小，略尖，核尖突尖。核纹中深，呈不规则短斜纹。核内多具饱满种子，含仁率 96.7%。

5. 评价

该品种为稀有的优良中熟品种，在较好的肥水条件下，表现丰产性能较强。果实较大，果肉松脆，质细，汁液较多，味浓适口，品质优良。适于城郊、工矿区发展栽培。

(十三) 蜂蜜罐 (彩图 13)

1. 品种来源及分布

原产陕西省大荔县的官池、北丁、中草一带，栽培数量不多。

2. 植物学性状

树体中等大，树姿半开张，干性较强，树冠圆锥形。皮裂中度深，条状，不易剥落。枣头红褐色，平均长度 75.2 厘米，粗 1.11 厘米，节间长 6.6 厘米。二次枝长度 29.1 厘米，平均生长 6 节。针刺欠发达。皮目中大，椭圆形，分布中密，略突起。枣股较粗大，圆柱形，抽吊力较强，一般每股抽生 3~5 吊。枣吊平均长度 21.5 厘米，着叶 14 片。叶片小而较厚，浓绿色，卵圆形，叶长 6.3 厘米，宽 2.7 厘米，先端急尖，叶基偏斜，叶缘锯齿粗钝、较密。花量多，花较小，夜开型。

3. 生物学特性

树势较强，萌芽率和发枝力中等，枣头生长较细弱。开花结果早，产量较高而稳定。枣头、2~3 年生枝和 3 年生以上枝的吊果率分别为 35.8%、62.0% 和 14.5%。在山西太谷地区，9 月中旬果实进入脆熟期，果实生育期 100 天左右，为早中熟品种类型。成熟期遇雨很少裂果，较抗病。

4. 果实经济性状

果实较小，近圆形，纵径 2.70 厘米，横径 2.50 厘米，平均果重 9.2 克，最大 11.0 克，大小较整齐。果梗短而较细，梗洼深而狭。果顶平或微凹，柱头遗存。果皮薄，鲜红色，果面较平滑。果点小而密，圆形，浅黄色。果肉较厚，绿白色，肉质致密，细脆，味甜，汁液较多，品质上佳，适宜鲜食。鲜枣可食率94.02%，含可溶性固形物31.80%，总糖25.97%，酸0.51%，维生素C含量359.05毫克/100克。成熟期果皮含黄酮5.07毫克/克，环磷酸腺苷含量86.15微克/克。核较大，椭圆形，纵径1.10厘米，横径0.80厘米，重0.55克，核尖短，核纹中深，部分核内含有饱满种仁，含仁率30.0%。

5. 评价

该品种对土质要求不严，适应范围较广，开花结果早，早期丰产，稳产。果实肉质细脆，含糖量较高，口感极佳，抗裂果，抗病，是优良早中熟品种，可在我国南北方枣区栽培。近年辽宁省朝阳地区大面积栽植，性状优异而稳定。

（十四）北京白枣（彩图14）

1. 品种来源及分布

别名长辛店白枣、白枣、脆枣。原产北京，分布较广，数量较多。海淀区、朝阳区、丰台区等地都有栽培，以长辛店乡的朱家坟、张家坟一带较集中，多庭院栽培。有数百年栽培历史。

2. 植物学性状

树体中等大，树姿较直立，干性较强，枝条稀疏，树冠自然圆头形。树皮粗糙，条状不规则纵裂，易剥落。枣头黄褐色，粗壮，年生长量74.0厘米，节间长7.8厘米。二次枝粗直，弯曲度小，平均长度27.1厘米，着生7节左右。皮目大而密，多呈菱形，凸起，开裂。针刺多退化。枣股一般为圆锥形，粗大，多年生枣股有分枝现象。一般抽生枣吊4个，枣吊较粗，长度25.9厘米，着生叶片17片。叶片中等大，卵状披针形，较薄，绿色。叶长6.1厘米，宽3.2厘米。叶尖锐尖，叶基阔楔形，叶缘锯齿较细。花量中等，每花序平均着花7朵。

3. 生物学特性

树势强健，中央领导干优势明显，发枝力较弱。结果较早，早期丰产，幼龄枝结实性能较强，吊果率40.3%，盛果期树，一般株产20千克左右。在山西太谷地区，9月中旬果实成熟采收，果实生育期100天左右，为中熟品种类型。成熟期遇雨易裂果，抗病性较差。

4. 果实经济性状

果实中等大，长卵圆形或长椭圆形，纵径3.70厘米，横径2.50厘米。平均果重12.0克，大小整齐一致。果肩圆或广圆，平斜。梗洼窄，浅平。果梗粗，长度4毫米左右。果顶尖圆，柱头遗存。果面平滑光亮。果皮薄而脆，暗红色。果点较大，分布稀疏。果肉绿白色，质地致密细脆，汁液多，味酸甜，口感极佳，适宜鲜食。鲜枣可食率96.60%，脆熟期可溶性固形物含量33.00%，总糖32.00%，酸0.60%，维生素C含量408.77毫克/100克。成熟期果皮含黄酮6.47毫克/克，环磷酸腺苷含量210.60微克/克。果核小，纺锤形，纵径1.93厘米，横径0.83厘米，核重0.41克。核蒂渐尖，先端圆，核尖细长。核纹宽，中等深。呈"人"字形斜纹。核内多有种子，含仁率85.7%。

5. 评价

该品种树体中等大，树势强健，早期丰产，结果稳定，产量较高，适宜中密度栽培，亩栽80～90株。果实中等大，外形光洁美观，肉质细脆多汁，酸甜可口，品质优异，为优质中熟鲜食品种，适宜降雨量较少的城郊、工矿区小面积栽培。应注意采取刻芽、重短截等促进发枝的技术措施。

(十五)马牙白(彩图15)

1. 品种来源及分布

原产北京，北京各地均有栽培，数量较多，较集中的产区为海淀区北安河一带。因果形似马牙而得名，栽培历史悠久。

2. 植物学性状

树体中大，树姿半开张，树冠呈自然圆头形。主干灰褐色，树皮裂纹条状，裂片大，易剥落。枣头红褐色，平均长84.7厘米，粗1.24厘米，节间长7.7厘米，蜡层少。针刺多退化，1~2年内逐渐脱落。二次枝平均长31.7厘米，着生6节左右。幼龄枣股圆锥形，壮龄和老龄枣股圆柱形。枣股抽枝力强，平均抽生枣吊5个。枣吊长22.1厘米，着叶13片。叶片中大，叶长5.8厘米、宽2.7厘米，椭圆形，先端渐尖，叶基圆形或宽楔形。叶缘锯齿较锐。每花序平均着花5朵。

3. 生物学特性

适土性强，对土壤条件要求不严。树势较强，发枝力中等。坐果率中等，2~3年和3年以上枝的吊果率分别为87.0%和50.4%。较丰产，但花期气候干燥或偏凉时坐果不良，有大小年现象。在山西太谷地区，4月中旬萌芽，5月下旬始花，9月中旬果实成熟，果实生育期100天左右，为中熟品种类型。成熟期遇雨易裂果。

4. 果实经济性状

果实中大，圆锥形，胴体两侧不对称，一侧较平直，一侧弯曲呈半月形，纵径10.10厘米，横径4.42厘米，平均果重10.1克，大小不整齐。果肩平，但不对称。梗洼浅而广。果顶尖圆。果面光滑。果皮薄而脆，红色。果肉浅绿色，质地酥脆，细腻，汁液多，味酸甜，鲜食品质极佳。鲜枣含可溶性固形物31%，含糖量27.91%，酸0.30%，维生素C含量258.78毫克/100克。果皮含黄酮12.27毫克/克，环磷酸腺苷含量8.70微克/克果核较大，呈两端不等长的纺锤形，平均核重0.45克。含仁率76.9%。

5. 评价

该品种树体中大，适应性强，具有较强的结果性能，但有大小年现象，要求花期温湿度较高的气候条件。果实中大，皮薄，肉质细脆多汁，甜味浓，为品质优异的中熟鲜食品种。

（十六）辣椒枣（彩图16）

1. 品种来源及分布

别名长脆枣、长枣、奶头枣。原产和分布于山东、河北交界的夏津、临清、冠县、深县、衡水、交河、成安等地，多零星栽培。

2. 植物学性状

树体高大，树姿直立，树冠呈伞形。主干灰褐色，裂纹宽条状，较粗糙，裂片易剥落。枣头红褐色，平均长度81.6厘米，粗1.06厘米，节间长度8.2厘米。针刺不发达，易脱落。枣股圆柱形，略弯，平均抽生枣吊3个。枣吊细长，平均长28.8厘米，着叶17片。叶片中大，卵状披针形，深绿色，有光泽，较薄，先端钝尖，叶基偏斜形。叶缘具细锯齿。花多，较大，每花序着生花朵7个。

3. 生物学特性

风土适应性强，抗风、耐旱、耐涝、耐盐碱。树势强健，发枝力强，当年生枣头主芽易萌发是该品种的重要特性。坐果率较低，枣头、2～3年和3年以上枝的吊果率分别为1.0%、31.1%和17.6%。定植后3年开始结果，15年左右进入盛果期。坐果稳定，生理落果轻，产量中等，成龄树一般株产30千克左右，最高株产60千克。在山西太谷地区，4月中旬萌芽，5月下旬始花，9月下旬果实成熟，果实生育期110天左右，为晚熟品种类型。果实成熟期遇雨较易裂果。

4. 果实经济性状

果实中大，长锥形，纵径3.8～4.9厘米，横径2.4～2.6厘米。平均果重11.2克，最大22克，大小较整齐。果肩凸圆。梗洼中深，较窄。果顶渐细，顶端圆，中心略凹陷，乳头状，柱头遗存。果面平滑光洁。果皮薄，红色，光亮美观。果点大，圆形，不明显。果肉白色，质地较细，酥脆，稍松软，汁液较多，甜酸可口，鲜食品质优异。鲜枣可食率97.2%，维生素C含量395.66毫克/100克。果皮含黄酮5.26毫克/克，环磷酸腺苷含量97.95微克/克。果核较小，纺锤形，平均核重 0.33 克。核内多不含种子。

5. 评价

该品种适性较强，树体强健，产量中等，果实中大，皮薄，酥脆甘甜，鲜食品质优良。

(十七) 枣强脆枣（彩图 17）

1. 品种来源及分布

原产和分布于河北枣强县。

2. 植物学性状

树体较大，树姿开张，干性较弱，树冠呈圆头形。主干块状皮裂。枣头红褐色，平均长 79.1 厘米，节间长 7.5 厘米，无蜡层。二次枝长度 35.8 厘米，着生 5~7 节，弯曲度大。针刺不发达。枣股平均抽生枣吊 3.6 个。枣吊长度 21.0 厘米，着叶 14 片。叶片中等大，平均长 5.2 厘米，宽 2.2 厘米，椭圆形，平展，先端尖，叶基圆楔形，叶缘锯齿锐。花量多，每花序平均着花 8 朵，花中大，花径 6.3 毫米。

3. 生物学特性

树势强，萌芽率和成枝力强，坐果率低，枣头、2~3 年和 4~6 年生枝的吊果率分别为 35.5%、10.4% 和 5.5%。一般定植第三年结果，10 年左右进入盛果期，产量较低。在山西太谷地区，9 月中旬果实进入脆熟期采收，果实生育期 100 天左右，为早中熟品种类型。成熟期遇雨裂果严重。

4. 果实经济性状

果个中大，卵圆形，纵径 3.69 厘米，横径 2.49 厘米，平均果重 10.8 克，大小较整齐。果皮薄，紫红色，果面平滑。果点小而稀疏。梗洼中深、广。果顶尖，柱头遗存。肉质细嫩，品质极上，适宜鲜食。鲜枣可食率 94.57%，含可溶性固形物 30.00%，总糖 24.54%，维生素 C 含量 378.38 毫克/100 克。果皮含黄酮 3.75 毫克/克，环磷酸腺苷含量 249.20 微克/克。核较小，纺锤形，重 0.65 克。种仁不饱满，含仁率 85.0%。

5. 评价

该品种树体较大，树势强，产量较低。果个中大，酥脆，味极甜，汁液多，鲜食品质极上。但果实抗裂果能力差，成熟期需注意防雨。生产中需采取花期喷施微肥、环剥的措施促进坐果，提高产量。

（十八）迎秋红（彩图18）

1. 品种来源及分布

该品种是山西省农业科学院果树研究所2001年在鲁北枣主产区进行资源调查时，在山东沾化一农家院落内发现的一份自然变异资源，2019年通过省级品种审定。

2. 植物学性状

树体中大，树姿半开张，枝系结构紧凑，树冠自然半圆形。主干灰褐色，细条状皮裂，粗糙，不易剥落。枣头黄褐色，平均长93.4厘米，粗1.2厘米，节间长7.1厘米，枝面粗糙，被少量灰白色蜡质。二次枝弯曲度小，角度开张，平均长33.9厘米。针刺细短，不发达，当年生长即脱落。1年生新枣头每枣股1－2个枣吊，2年生枣股2个枣吊，多年生枣股圆锥形，抽枝力强，平均抽生枣吊4.5个，木质化枣吊发达。枣吊粗长，平均长27.4厘米，着叶13片，强壮枣吊具细微的小刺。叶片中大，卵状披针形，较薄，浅绿色。花为昼开型，花多而大，花序平均着花7朵，花径6.3毫米。

3. 生物学特性

该品种树体大小中等，树势强健，发枝力较强。股吊率和果吊率较高，以2~3龄等幼龄枝的枣吊中部结果为主，2~3年生枝的枣吊平均结果2.4个，3年以上枝为2.03个。露地坐地砧嫁接第二年开始结果，第三年有一定产量，平均亩产356.8千克。4~5年进入盛果期，平均亩产1254.2千克。盛果期树亩产基本稳定在1100~1350千克之间，产量较稳定。大棚条件下高接树嫁接当年部分结果，第二年全部结果，株产达3千克以上，第三年进入盛果期，平均亩产 920.6 千克。在山西太谷地区，露地 9 月上旬果实着色成熟，成熟期较一致。果实生育期 93 天左右，为早熟品种类型。冷棚条件下，可提早成熟 20 天以上。

4. 果实经济性状

果实较大，倒卵圆形，单果重 15.1 克，大小整齐。果面光滑，果皮薄，鲜红色。果肉白色，质地细脆，汁液较多，味甜略酸，鲜食品质上等。鲜枣可食率 95.8%，含可溶性固形物 31.2%，含总糖 28.1%，还原糖 10.2%，酸 0.40%，维生素 C 含量 356 毫克/100 克；冷棚设施条件下，果实含可溶性固形物 28.2%，含总糖 27.4%，还原糖 6.68%，酸 0.49%，维生素 C 含量 327 毫克/100 克。枣核纺锤形，核重 0.63 克。

5. 评价

该品种结果早，较丰产。果实较大，肉质细脆多汁，味浓，质优，为优良早熟品种。

(十九)葫芦枣(彩图 19)

1. 品种来源及分布

主要分布于山西襄汾、稷山、闻喜和河南内黄、淇县等地。栽培数量不多，栽培历史和起源不详。20 世纪 70 年代资源调查时发现山西襄汾县城关新城庄有该品种的百年老树。

2. 植物学性状

树体较小，树姿半开张，树冠呈自然半圆形。枣头红褐色，平均长 96.6 厘米，平均节间长 7.9 厘米，蜡层少。针刺细短，不发达。二次枝平均长 29.0 厘米，弯曲度中等。枣吊平均长 32.8 厘米，着叶 20 片。叶片中大，卵状披针形，绿色，先端渐尖，较短，先端尖圆，叶基圆楔形，叶缘具锐齿。每花序平均着花 10.7 朵。

3. 生物学特性

风土适应性较强，树势中等，发枝力较强，枣头生长势中庸。定植后第二年开始结果，产量中等而稳定。50 年生树可产鲜枣 50 千克。在山西太谷地区，4 月中旬萌芽，5 月下旬始花，9 月中旬进入成熟期，果实生育期 105 天左右，为中熟品种类型。

4. 果实经济性状

果实中大，绝大多数枣果中部有明显的缢痕，上部粗而下部细，形状似葫芦而得名，也有少数为圆锥形，平均单果重 10.3 克，大小较整齐。果肩较小，平圆。梗洼中深，狭窄。果顶尖。果皮红色，较薄。果肉白色，肉质细腻，酥脆多汁，味酸甜，适宜鲜食和观赏，鲜食品质上等。鲜枣可食率 94.93%，含可溶性固形物 30.00%，总糖 28.48%，酸 0.43%。

5. 评价

该品种树体较小，树势中庸，产量一般。果个中大，形似葫芦状，品质上等，适宜鲜食，且极具观赏价值，在交通便利地区和城郊可适量发展，是鲜食和观赏兼用的多用途优良品种。

(二十) 骏枣 (彩图 20)

1. 品种来源及分布

山西十大名枣之一，原产山西省交城县边山一带，以瓦窑、磁窑、坡底等村栽培较集中，为当地主栽品种。栽培历史 1000 余年，现尚存百年以上古老枣树林。

2. 植物学性状

树体高大，树姿半开张，干性较强，枝条粗壮，中密，树冠呈自然圆头形。主干皮裂条状。枣头红褐色，平均生长量 54.8 厘米，粗 0.95 厘米，节间长 8.5 厘米，着生永久性二次枝 6~7 个。二次枝平均 6 节，长 26.8 厘米。针刺不发达或退化。枣股抽生枣吊 3~4 个。枣吊平均长 15.0 厘米，着叶 10 片。叶片大，长卵圆形，浓绿色。花量中多，花序平均 4.5 朵。

3. 生物学特性

树势强健，萌芽率较高，成枝力强，枣头枝生长粗壮而强旺。易生萌蘖，根蘖苗根系发达，结果较晚，一般第三年开始结果。在新疆阿克苏地区，2 年生砧木嫁接苗当年株产可达 2.5 千克，表现了极强的早期丰产性能。坐果率较高，枣头、2~3 年和 4 年生枝的吊果率可达 29.6%、58.5% 和 44.6%。盛果期较长，但产量不稳定。在山西太谷地区，9 月中旬开始成熟。果实成熟期遇雨易裂果且病害严重。

4. 果实性状

果实大，前期果多为柱形，后期果呈长倒卵形，单果重 26.3 克，大小较整齐。果面光滑，果皮薄，深红色。梗洼中广，较深。果顶平，柱头遗存。果肉厚，白色或浅绿色，质地细，较松脆，味甜，汁液中多，品质上等，用途广泛，鲜食、制干、加工蜜枣、酒枣均可，是加工酒枣最好的品种之一。鲜枣可食率 96.3%，含可溶性固形物 33.00%，总糖 28.68%，酸 0.45%，维生素 C 含量 430.20 毫克/100 克。制干率 56.8%，干枣含总糖 71.77%，酸 1.58%。酒枣含可溶性固形物 36.30%，总糖 30.83%，酸 0.83%。枣核小，纺锤形，核重 0.97 克，小枣核壁薄而软，有退化现象。

5. 评价

该品种适土性强，耐旱涝、盐碱，抗枣疯病。果实品质上等，适宜制作干枣、醉枣和蜜枣。采前易落果，遇雨裂果和病害严重。干枣果肉较松，果皮韧性差，怕挤压，贮运性能较差。

（二十一）壶瓶枣（彩图 21）

1. 品种来源及分布

古老的地方名优品种，山西十大名枣之一。原产和分布于山西太谷、清徐、祁县、榆次及太原郊区等地。栽培历史不详，各产区数百年生成片分布，老龄结果枣树很多。

2. 植物学性状

树体高大，树姿半开张，干性较强，枝条粗壮，中密，树冠呈自然圆头形。主干皮裂呈块状。枣头红褐色，平均生长量 50.0 厘米，粗 0.98 厘米，二次枝平均长 27.8 厘米。针刺不发达或退化。

枣股抽生枣吊 2~5 个，多为 3~4 个。枣吊平均长 15.7 厘米，着叶 11 片。叶片大，椭圆形，浓绿色。花量中多，花序平均 4.1 朵。花较大，花径 7.7 毫米，昼开型。

3. 生物学特性

树势健旺，萌芽率高，成枝力强，枣头枝粗壮且生长强旺。结果较早，萌蘖力较强，根蘖苗根系发达，生长势较强。根蘖苗一般第二年开始结果，15 年后进入盛果期，盛果期长，在新疆阿克苏地区表现出极强的早果性和丰产性能。坐果率较高，枣头、2~3 年生枝和 4 年生枝的吊果率分别为 22.5%、47.7% 和 34.1%。丰产，产量较稳定。在山西太谷地区，9 月中旬成熟。在原产地，果实成熟期遇雨裂果和病害严重。

4. 果实性状

果实大，倒卵形或圆柱形，单果重 25.4 克，大小较整齐。果皮薄，紫红色，果面光滑。果肉厚，浅绿色，肉质较松脆，味甜，汁液中多，品质上等，适宜鲜食、制干、加工蜜枣、酒枣。鲜枣可食率 96.4%，含可溶性固形物 37.80%，总糖 30.35%，酸 0.57%，维生素 C 含量 493.1 毫克/100 克。制干率 55.9%，干枣含总糖 71.38%，酸 1.11%。枣核小，纺锤形，核重 0.91 克，小果枣核退化成软薄的残核。

5. 评价

该品种树势强，适应性较广，结果较早，产量高而稳定。果实大，品质优良，用途广泛，主要用于干制和加工酒枣。唯进入着色期后，遇雨极易发生裂果浆烂和病害。另外，新疆南疆地区引入该品种后表现丰产、果个大、抗病和抗裂果，比原产地性状更优异，已成为当地主栽品种之一。

(二十二)金谷大枣(彩图 22)

1. 品种来源及分布

山西省农业科学院果树研究所从壶瓶枣自然变异株系中选出的抗裂和抗病优良制干品种，2013 年通过国家审定。目前主要在山西晋中、新疆、甘肃等地区栽培。

2. 植物学性状

树体中等大，半开张，干性中等。枣头灰褐色，不规则弯曲。二次枝弯曲度小，平均长36.9厘米，针刺不发达。木质化枣吊较发达。叶片较大，椭圆形，浓绿色，较光亮，不平整，反卷。花量较大，每花序平均着花7朵，花中大，花径8.1毫米，黄色。

3. 生物学特性

树势中庸偏旺，成枝力强，开花结果早，早期丰产性能强。嫁接第二年少量结果，第四年平均株产达3.6千克，第五年进入盛果期，平均株产20千克。枣头、2~3年和3年以上枝坐果率(以吊果率表示)分别为6.0%、91.7%和29.4%。在山西太谷地区，9月上旬脆熟，9月下旬完全成熟，果实发育期100天左右，为中熟品种类型。

4. 果实性状

果个大，长圆柱形，略扁，单果质量24.1克，大小较整齐。果面较平滑，果皮较薄，着色前阳面有浅褐色晕块，完全成熟后为深红色。果点中大，较密，显著。果肉浅绿色，肉质较致密，汁液中多，味酸甜，口感好，适宜鲜食和制干，主要用于制干，品质上等。鲜枣可溶性固形物含量36.0%，总糖29.68%，酸0.63%，维生素C291.8毫克/100克，可食率96.7%。制干率54.6%，干枣含可溶性固形物69.3%，总糖65.11%，酸1.21%。枣核长纺锤形，平均核重0.79克。

5. 评价

该品种适应性广，具有较强的抗病性和抗裂果能力。在秋季雨多的地区或年份，果实裂果率和病果率分别为种壶瓶枣品种的25%和15%。

(二十三)临黄1号(彩图23)

1. 品种来源及分布

山西省农业科学院果树研究所从吕梁木枣自然变异株系中选出

的早果丰产、大果、抗裂和抗病优良制干品种，2014年通过省级审定。目前主要在晋陕沿黄地区栽培。

2. 植物学性状

树体中等大小，干性强，树姿较开张，枣头枝紫红色，节间较长，二次枝弯曲度中等。枣头枝针刺不发达，多年生枝针刺退化。枣股圆锥形，一般着生枣吊 3 个，木质化枣吊少。叶片大，浓绿色，卵状披针形，叶尖钝尖，叶基截形。花量中等，每花序着花 3~8 朵；花朵较大，花径 7.0 毫米。

3. 生物学特性

树势中庸偏旺，成枝力较强，树体成形快。果吊率较高，以 2~3 龄等幼龄枝的枣吊中部的 3~8 节位结果为主，吊果率为 123%，是吕梁木枣的 1.5 倍，且当年生枣头枝的结果性能极强，吊果率高达 84%，为吕梁木枣的 2.5 倍以上。高接树当年即开花结果，第二年平均株产 2 千克，第三年树冠基本形成达到丰产初期，平均株产 4.5 千克。5~6 年生盛果期树株产可达 20 千克，亩产 900 千克以上。果实成熟期 9 月下旬至 10 月上旬，属晚熟品种。

4. 果实性状

果个大，果形长圆柱形或长卵圆形，平均果重 22.8 克，大小较整齐均匀。果面较平滑，果皮较厚，深红色。果肉汁液较少，肉质致密，味酸甜，适宜制干或蜜枣加工。鲜枣可食率 97.8%，可溶性固形物含量 26.4%，总糖 21.3%，可滴定酸含量 0.41%，维生素 C 含量 294.4 毫克/100 克。制干率 61.5%，干枣果皮较平展靓丽，果肉富有弹性和韧性，总糖含量 70.3%，有机酸 1.78%。枣核长纺锤形，核内无种仁。

5. 评价

该品种与吕梁木枣相比，优异特性主要表现在成熟期晚、果个大、果实外观靓丽、抗裂果能力强、丰产等突出的商品性状，可作为木枣的更新换代品种在晋陕沿黄地区推广栽培。

（二十四）金丝小枣（彩图24）

1. 品种来源及分布

原产山东和河北交界地带，主要分布于山东乐陵、无棣、庆云、阳信、沾化和河北沧县、献县、泊头、南皮、盐山等地，现存有成片的古老枣林，为当地主栽品种，也是全国栽培面积最大的品种。栽培历史悠久，400年前已有大规模栽培。

2. 植物学性状

树体中大，树姿较开张，干性较弱，枝条中密，树冠圆头形。枣头红褐色，平均长63.8厘米，着生永久性二次枝5个左右。二次枝长33.8厘米。针刺不发达。枣股一般抽生枣吊3~5个。枣吊平均长16.8厘米，着叶11片。叶片较大，长卵圆形，浓绿色。花量多，每花序着花3~9朵。花中大，花径7毫米左右。

3. 生物学特性

树势中等，萌芽率较高，成枝力较强。幼树结果较晚，根蘖苗一般第三年开始结果，10年后进入盛果期，较丰产，产量较稳定。坐果率高，枣头、2~3年生枝和4年生枝的吊果率分别为71.6%、95.7%和18.0%。主要坐果部位在枣吊的3~7节，占坐果总数的82.3%。在山西太谷地区，9月中旬果实开始着色，10月上旬完熟。成熟期不抗裂果。

4. 果实性状

果实小，果形有椭圆形、长圆形、鸡心形、倒卵形等多种，单果重6.50克。果皮薄，红色，果面光滑。果肉厚，乳白色，质地致密，细脆，味甘甜微酸，汁液中多，品质上等，适宜制干和鲜食。鲜枣可食率94.6%，含可溶性固形物36.00%，总糖28.36%，酸0.75%，维生素C含量389.13毫克/100克。制干率55%~58%，干枣含总糖64.13%，酸1.05%。干枣果形饱满，肉质细，富弹性，耐贮运，味清甜。枣核小，纺锤形，核重0.35克。

5. 评价

该品种是我国优良的红枣品种之一，果实皮薄肉厚，核小，质地细，糖分高，味甘美，制干率高，鲜食制干品质兼优。但风土适应性较差，果实成熟期不抗裂果，且结果期较晚。可在花期温热，果实成熟期少雨的地区发展。

（二十五）赞皇大枣（彩图25）

1. 品种来源及分布

又名金丝大枣。原产河北赞皇，为当地主栽品种，已有400多年的栽培历史。在山西和新疆栽培表现适应性强、丰产、品质更优异。

2. 植物学性状

树体高大，树姿半开张，干性中强，枝条较稀，粗壮，树冠圆锥形。枣头黄褐色，平均长83.0厘米，着生二次枝7~10个。二次枝平均长36.2厘米。针刺发达。枣股一般抽生枣吊3~4个。枣吊平均长23.6厘米，着叶13片。叶片厚而宽大，卵圆形，浓绿色。花量较多，花序平均着花4朵。花朵大，花径8~9毫米。

3. 生物学特性

树势旺，萌芽率中等，成枝力强，枣头生长强旺，节间长。幼树结果较早，坐果率高，枣头、2~3年生枝和4年生枝的吊果率分别为27.5%、97.7%和77.8%。7~8年后进入盛果期，产量高而稳定，在新疆阿克苏地区实验林场盛果期亩产可达2620千克。在山西太谷地区，9月下旬果实进入完熟期，果实生育期100~110天，为晚熟品种类型。果实较抗病和抗裂果。

4. 果实性状

果实较大，圆柱形或近倒卵圆形，单果重18.6克，果实大小整齐，果面光滑。果皮中厚，红色。果肉厚，近白色，肉质致密细脆，味甜略酸，汁液中多，适宜鲜食、制干和蜜枣加工。鲜枣可食率96.7%，含可溶性固形物33.30%，糖29.32%，酸0.78%，维生素C含量324.70毫克/100克，鲜食品质中上。制干率47.8%，干枣含总糖66.91%，酸1.93%。干枣果实饱满，富弹性，耐贮运，品质中上。枣核较小，纺锤形，核重0.62克。

5. 评价

该品种适应性较强，耐瘠耐旱，产量较高，坐果稳定。果实品质优良，用途广泛，适宜干制红枣和蜜枣，也可鲜食，适宜北方日照充足，夏季气候温热的地区发展。该品种在新疆和山西栽培表现比原产地优异，为我国北方发展的主要兼用品种之一。另外，近年来河北省选育并审定了综合性状优于赞皇大枣的赞晶、赞玉和赞宝等3个品种，山西省选育出特大果实类型晋赞大枣，正在区试推广。

（二十六）灰枣（彩图26）

1. 品种来源及分布

起源于河南新郑，主要分布于新郑市、中牟县和西华县，为当地主栽品种，全国著名的干鲜加工兼用良种。

2. 植物学性状

树体较大，树姿半开张，干性较强，枝系较密，树冠呈自然圆头形或伞形。枣头灰褐色，平均长79.6厘米，着生二次枝4~9个。二次枝平均长40.0厘米。针刺发达。枣股抽生枣吊3~4个。枣吊平均长19.9厘米，着叶16片。叶片中大，椭圆形，浓绿色。花量多，花小，花径7毫米。

3. 生物学特性

树势中庸偏弱，萌芽率高，成枝力强，枝条细。根蘖苗一般第三年开始结果，酸枣嫁接苗结果较早，3年生结果株率可达100%，15年左右进入盛果期，产量较高。但不同地区产量差异较大，在新疆阿克苏地区表现丰产性极强，成龄树亩产可达3600千克。而在山西中部地区产量较低，经调查，枣头、2~3年生和4年生枝的吊果率仅为36.1%、19.5%和1.6%。在山西太谷地区，9月下旬成熟，为中晚熟品种。果实成熟期较抗病和抗裂果。

4. 果实性状

果实较小，倒卵圆形，单果重8.3克，大小较整齐。果面较平滑。果皮中厚，紫红色。果肉厚，绿白色，肉质致密，较脆，味甜，

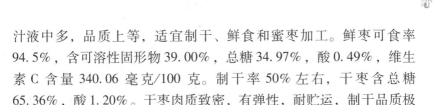

汁液中多，品质上等，适宜制干、鲜食和蜜枣加工。鲜枣可食率94.5%，含可溶性固形物39.00%，总糖34.97%，酸0.49%，维生素C含量340.06毫克/100克。制干率50%左右，干枣含总糖65.36%，酸1.20%。干枣肉质致密，有弹性，耐贮运，制干品质极佳。枣核小，纺锤形，核重0.46克。

5. 评价

该品种抗逆性较强，尤其较抗裂果和病害。果实品质优异，用途广泛，鲜食、制干和加工均宜，多以制干为主。目前，已筛选出了大果型的优良变异株系，正在观察区试。

（二十七）板枣（彩图27）

1. 品种来源及分布

主要分布于山西稷山县稷峰镇的姚村、陶梁、南阳、下迪等村，为当地主栽品种，是山西十大名枣之一。

2. 植物学性状

树体较小，树姿半开张，干性较弱，枝条较密，树冠自然圆头形。枣头红褐色，平均长40.0厘米，着生二次枝4~5个。二次枝平均长31.6厘米。针刺较发达。枣股一般抽生枣吊4~5个。枣吊平均长16.6厘米，着叶11片。叶片小，椭圆形，浓绿色。花量中多，花序平均着花3.8朵。花小，花径6.1毫米。

3. 生物学特性

树势较弱，萌芽率高，成枝力强。萌蘖力强，根蘖苗定植第二年开始结果，15年后进入盛果期，盛果期长，丰产，产量较稳定。坐果率高，枣头吊果率76.9%，2~3年生枝为76.1%，4年生枝为40.5%。在山西太谷地区，9月上旬果实着色，9月20日前后进入完熟期，果实生育期100天左右，为中熟品种类型。成熟期落果较严重。

4. 果实性状

果个较小，扁柱形，单果重9.7克，大小整齐，果面光滑。果皮中厚，紫红色。果肉厚，绿白色，肉质致密，较脆，甜味浓，汁液较少，鲜食、制干和加工蜜枣兼用，多以制干为主，且品质优异。鲜枣可食率96.3%，含可溶性固形物41.70%，总糖33.67%，酸0.36%，维生素C含量499.70毫克/100克。制干率57.0%，干枣含总糖74.5%，酸2.41%。干枣果实美观，肉厚且饱满，有弹性。枣核小，纺锤形，核重0.36克。

5. 评价

该品种树体矮化，结果早，产量高，且很稳定。果个较小，但外形美观，品质优良，用途广泛，为制干和鲜食兼用的优良品种。该品种对气候适应性强，在山西、山东、河南、河北等地均表现良好。但对土壤肥水条件要求高，适宜北方土质肥沃的地区集约栽培。

(二十八)圆铃枣(彩图28)

1. 品种来源及分布

别名紫铃、圆红、紫枣、圆果圆铃。原产山东聊城、德州等地。以茌平、东阿、聊城、齐河、济阳栽培较集中，泰安、潍坊、济宁、惠民等地也有栽培分布，是山东省的主要制干品种。

2. 植物学性状

树体较大，树姿开张，干性较强，枝条较密，树冠自然半圆形。枣头红褐色，生长势较强，平均长74.5厘米，二次枝长29.1厘米。针刺较发达。枣股抽生枣吊3~4个。枣吊平均长20.3厘米，着叶16片。叶片中大，卵圆形或宽披针形，绿色。花量中等，每花序着花3~7朵。花较大，花径7~7.5毫米。

3. 生物学特性

树势强健，萌芽率和成枝力较强。结果较晚，一般栽后3~4年开始结果。早期丰产性能中等，盛果期产量较高而稳定。坐果率较高，枣头吊果率55.7%，2~3年生枝49.9%，4年生枝9.5%。在山西太谷地区，9月中旬果实成熟，果实生育期105天左右，为中晚熟品种类型。成熟期遇雨不易裂果，抗病性较强。

4. 果实性状

果实较大，近圆柱形或圆柱形，单果重 19.8 克，大小不整齐。果皮较厚，有韧性，紫红色，果面平滑，有紫黑色斑点。果肉厚，浅绿色，肉质较粗，味甜，汁液少，干枣品质上等，适宜制干。鲜枣可食率 96.2%，含可溶性固形物 28.20%，总糖 24.86%，酸 0.18%，维生素 C 含量 344.18 毫克/100 克。制干率 60.0%~62.0%，干枣含总糖为 70.15%，酸 1.05%。核小，椭圆形，核重 0.75 克。

5. 评价

该品种对土壤、气候的适应性较强，树体强健，产量较高而稳定，干枣品质优良，可在我国北方枣区发展。现已通过株系选优途径从该品种中筛选出'圆铃 1 号'和'圆铃 2 号'，目前正在区试栽培。

(二十九)无核小枣(彩图 29)

1. 品种来源及分布

别名虚心枣、空心枣。原产山东的乐陵、庆云、无棣及河北的盐山、沧县、交河、献县、青县等地，以乐陵栽培较多。

2. 植物学性状

树体中大，树姿半开张，枝条中密，干性较强，树冠自然圆头形。枣头黄褐色，平均长 71.5 厘米，二次枝长 32.3 厘米。无针刺。枣股抽生枣吊 3~5 个。枣吊平均长 23.3 厘米，着叶 14 片。叶片中等大，卵圆形，浓绿色。花量多，枣吊中部每花序着花 7~11 朵。花小，花径 5.8~6.2 毫米。

3. 生物学特性

树势中等或较弱，幼树枣头生长势强，发枝力中等，结果迟，产量较低，枣头和 2~3 年生枝吊果率分别为 54.9% 和 50.4%，4 年生枝结果量极少。在山西太谷地区，9 月中旬果实着色，9 月底成熟，果实生育期 115 天左右，为晚熟品种。成熟期遇雨裂果较少。

4. 果实性状

果实小，圆柱形或长椭圆形，单果重 7.8 克，大小不整齐。果皮薄，鲜红色，果面平滑。果肉厚，白色或乳白色，肉质细而脆，味甜，汁液较少，适宜制干，品质上等。鲜枣可食率 96%～100%，含可溶性固形物 31.20%，含糖 24.30%，酸 0.39%，维生素 C 含量 408.42 毫克/100 克。制干率 53.8%，干枣含总糖 64.74%，酸 0.70%。中、小果核大部分退化为膜状软核或木质化残核，少数大果核发育正常。正常发育核较小，椭圆形，核重 0.3 克。

5. 评价

该品种风土适应性较差，结果迟，产量较低。果个小，适宜制干，品质优良，抗裂果。尤其部分果实具有无核的独特性状是其突出特点，具有食用方便、可食率高、经济价值高等优点，也是无核资源研究的重要材料。干枣耐贮运，不易回潮，南方多雨潮湿的地区也可适当发展。

（三十）三变红（彩图 30）

1. 品种来源及分布

别名三变色、三变丑。原产分布于河南永城的十八里、郸阳、城关、黄口、演集等地，为当地主栽品种之一。

2. 植物学性状

树体较大，树姿直立，干性中强，枝条较稀，树冠圆锥形。主干皮裂条状、中深、易剥落。枝系嫩梢及幼叶呈淡棕绿色或紫色。枣头红褐色。花中大，花径 7 毫米，柱头呈紫色。

3. 生物学特性

树势中等，萌发力较弱。结果早，定植后 2 年左右开始结果，10 年左右进入盛果期，较丰产，坐果率较高，枣头吊果率 28.5%，2～3 年生枝为 66.4%，4 年生枝为 21.5%。主要坐果部位在枣吊的 3～7 节，占坐果总数的 81% 左右。在山西太谷地区，9 月下旬果实脆熟，果实生育期 110 天左右，为中晚熟品种类型。成熟期遇雨易裂果。

4. 果实性状

果实中大，长卵形或圆柱形，单果重 14.6 克，大小整齐。果皮中厚，盛花末期落花后子房为紫色，幼果尖部呈淡紫色，随后全部变成紫色，7 月上旬开始，紫色渐变为条状绿色，成熟时变为深红色，色泽变化与胎里红品种完全不同。因果皮颜色从坐果到成熟变化三次，由此而得名三变红、三变色。果肉厚，绿白色肉质致密，较酥脆，味甜，汁液中多，品质中上，可鲜食、制干和观赏。鲜枣可食率 94.7%，含可溶性固形物 29.40%，总糖 28.25%，酸 0.54%，维生素 C 含量 340.06 毫克/100 克。枣核小，长纺锤形，核重 0.78 克。

5. 评价

该品种果实发育期皮色变化三次，亮丽美观，主要用作观赏，还可鲜食和制干利用。

(三十一) 大荔龙枣 (彩图 31)

1. 品种来源及分布

别名陕西龙枣、龙爪枣、曲枝枣。原产和分布于陕西大荔县石槽、八渔、苏村、西漠一带。现多用作制干和观赏品种用途引种栽培。

2. 植物学性状

树体中大，树姿开张，干性弱，枝条中密，树冠自然圆头形或半圆形。针刺不发达。枣头、二次枝、枣吊都弯曲生长，故又名龙爪枣和曲枝枣。

3. 生物学特性

树势中等，枣头生长势较旺，成枝力强。开花结果早，丰产，产量较稳定，枣头吊果率 98.7%，2~3 年生枝为 110.3%，4 年生枝为 47.0%。在山西太谷地区，9 月下旬果实成熟，果实生育期 100 天左右。成熟期遇雨易裂果。

4. 果实性状

果实较小，倒卵圆形，单果重 11.6 克，最大 14.6 克，大小较整齐。果皮厚，紫红色，果面较平滑。果肉厚，绿白色，肉质较粗，味甜，汁液少，品质中等，可制干和加工蜜枣。鲜枣可食率 95.3%，含可溶性固形物 28.80%，总糖 21.30%，酸 0.59%，维生素 C 含量 367.88 毫克/100 克。制干率 50% 左右，干枣含总糖 67.41%，酸 2.05%。核小，长纺锤形，核重 0.55 克。

5. 评价

该品种枝条扭曲生长，枝形奇特，观赏价值高，可作庭院观赏树木和盆景栽培，但弯曲度不如河北龙枣品种大。适应性较强，产量高，但枣果鲜食品质较差，可作为制干品种适度发展。

（三十二）大柿饼枣（彩图 32）

1. 品种来源及分布

原产和分布于山东宁阳、肥城、兖州等地，数量极少。

2. 植物学性状

树体较小，树姿半开张，干性强，枝叶较密，树冠呈圆锥形。花量多，花序平均着花 11 朵，花中大，昼开型。花具有特殊性，70% 左右花的柱头为 3 裂，子房分室不明显，中间隔膜消失。

3. 生物学特性

适应性较强，树势较弱，要求较深厚的土壤条件。树势中庸，发枝力较强。结果能力较强，结果早，嫁接苗定植后 2 年开始结果。成龄树枣吊一般结果 1~2 个。在山西太谷地区，9 月下旬果实成熟，果实生育期 110 天左右，为晚熟品种。抗裂果能力极强。

4. 果实性状

果中大，扁圆形，如柿饼状或蟠桃，单果重 9.6 克，大小极不整齐，小果仅 5 克左右，大果可达 20 克以上。果面不平，有隆起和 8~10 条纵行沟纹。果皮厚，红色，光泽较差。果肉绿色，质地致密，汁液少，味甜酸，鲜食品质差。鲜枣维生素 C 含量 710.72 毫克/100 克。小果基本无核或残核，部分大果具有果核，核短小，陀螺状，核壳软，易破碎。

5. 评价

该品种适应性较强，树势较弱，易坐果，产量中等较稳定。品质较差，维生素 C 含量极高。果实大小、成熟期极不一致，不适于商品栽培。唯此果形奇特，形似蟠桃，可用于观赏果实栽培。

第四章

枣树优质良种苗木繁育技术

一、砧木苗培育

(一)砧木种子的准备

我国北方地区最常用的枣砧木是酸枣,酸枣资源丰富,抗逆性强,适应性广,嫁接亲和力高。酸枣含仁率高,且砧穗亲和力高,愈合好,是良好的砧木类型。培育酸枣实苗时,传统方法用枣核沙藏或烫水处理后播种,目前可以用酸枣仁催芽后直接播种,而不需经过沙藏处理。

酸枣果实采集一般在 10~12 月,当酸枣的果实成熟呈红褐色,充分成熟时或成熟后自然落地后采集个大、无病虫害的果实,加适量水进行堆沤或机械打浆。堆温不超过 65℃,过高会影响种子的发芽力。待果肉软化腐烂或被打碎后,再加水搓洗,除去果肉及其他杂物,洗净枣核,捞出阴干。如为秋播,可在土壤封冻前播种。春季出苗早,出苗整齐。但沙地或冬季寒冷、土壤干旱地区不宜秋播,以免种子失水降低出苗率。如为春播,应做层积处理。种核未经层积处理发芽率低,出苗时间长,不整齐。未做层积处理的种核,春季播种前应先将种核在 70~75℃ 的热水中热烫,自然冷却后,浸泡 2~3 天,放温室或室内催芽,待部分种核裂开时及时播种。

枣核层积方法:在 11~12 月,先将种子放入清水中浸 2~3 天,使其充分吸水,然后将种子与 3 倍湿沙(沙的湿度以手握成团、松开即散为宜)均匀混合,放入层积沟内。层积沟应选背阴排水良好处,

挖深40~50厘米沟，层积沟的宽、长因种核多少而定。

晒干的枣核也可以通过粉碎机械处理破壳后，去掉核壳，分选种仁，去杂，晒干。播种前1~2天温水浸泡催芽后即可播种使用。也可向种仁加工厂或代销点直接购买，注意选购种皮红亮、饱满、破仁率低无霉烂的当年生种子。

我国南方用做砧木的铜钱树其果实为圆形的翅果，铜钱树为野生树种，属鼠李科马甲子属大乔木，早秋采集成熟果实晒干贮存，春季播种前搓去果翅，然后在50~60℃温水中浸泡4小时，即可播种。

枣、酸枣和铜钱树种子寿命很短，在常温下贮藏一年，大部分种子即无发芽力，因而育苗必须采用新种。

（二）苗圃地的准备

苗圃地应选无重茬、灌溉排水条件良好、肥沃沙壤质土为好，每亩施5000千克有机肥，20千克尿素，50千克过磷酸钙作基肥，深耕30厘米后做成苗畦，畦的大小依据地势和播种行距而定，且利于灌溉。播前5~7天灌足底墒水，为预防地下虫害，在浇灌时应地面喷施聚酯类农药，每亩地施入500克。待地表不黏时，旋耕，做到上虚下实，耙平后即可播种。

（三）播种

一般采用春季播种。在当地气温达到10℃以上时开始播种，华北地区一般在4月中下旬。一般采用宽窄行条播，宽行间距60厘米、窄行间距30厘米，根据行位置开沟播种。

手点播种子时，株距保持15厘米左右，每株位点3~5粒种子，每亩播种量枣核10~15千克，或种仁3千克左右，机械条播时播种量可以加大30%。点播后用细土覆盖种子，厚度最多3厘米左右，机械播种深度也保持3~4厘米，宁浅勿深。种仁须种在湿度较大较实的土层中，点播前可顺着播种沟内少量灌水，待数分钟等水渗干后播种效果较好。

为防治杂草，覆膜前喷一次50%扑草净可湿性粉剂，每亩200

克左右。用80厘米宽的薄膜覆盖相邻的2条窄行，边缘一定要压实压好，防止刮风吹烂，以有效保持膜内温度和湿度。

（四）放苗、间苗及压草

播种后10天左右开始出苗，等苗长出4~5片叶时将顶部薄膜划开降温，以免中午高温烧死。1个月左右即可出全苗，在苗高10厘米左右时，按株距15~20厘米留单苗，缺苗处应及时补栽浇水，选择壮苗，疏除弱苗，多余的苗可以直接用土压到薄膜内，选留的苗周围用土压严压实，保温保湿，防止杂草滋长。每亩留苗3000~5000株。

（五）田间管理

砧木苗要求在3~4个月极短的生长时间内达到嫁接需要的粗度，提高苗木质量，应加强田间管理，根据实际情况适时浇水追肥，促进幼苗生长。苗高15厘米和30厘米时各追肥一次，肥后及时浇水。追肥时，在苗行一侧距苗10厘米处，挖4~5厘米深的施肥沟，施入速效肥料。每次亩施磷酸二铵15千克或其他等量氮素和磷素化肥。缺钾地区还需加入适量钾素肥料。每次施肥后灌水，灌水后松土除草，保持田间清洁无杂草。当苗高长到30厘米以上时，要对幼苗顶部进行摘心，以促使基部加粗生长。还要做好苗期病虫防治工作，酸枣苗圃易受枣锈病、枣步曲、枣瘿蚊、红蜘蛛等病虫危害，要及时防治。

（六）嫁接前处理

一般在第二年春季萌芽前开始嫁接，嫁接前1周左右进行灌溉。等地面不黏时，对砧木苗平茬，高度10厘米以下。对于基径0.4厘米以下的砧木全部清除，分蘖严重的留强去弱。然后用耙子清除杂草落叶，去掉表层土，露出基部白色部分3~5厘米，嫁接部位选在这一部位，可减少萌芽的发生，促进嫁接苗的生长。

二、接穗的准备

（一）接穗采集

应选品种纯正的健壮结果树或采穗圃，枣树落叶休眠后到枝芽萌动前均可采集接穗，但以 2～3 月采穗芽质较好，最好是随采随用，接穗含水分充足，且易于保存。为使接后幼苗生长一致，应选生长充实、成熟度高、芽点饱满、无病虫害、粗细及枝类一致的接穗。就枝类而言，以当年生一次枝萌芽后的长势最强，尤其是顶芽和枣头摘心后的第一个侧生主芽；二次枝以弯曲度大的非徒长枝长势好。另外，长势与品种特性密切相关，临猗梨枣、大白枣、大白铃、湖南鸡蛋枣等品种嫁接的苗木长势强，二次枝长势也良好；壶瓶枣、骏枣、赞皇大枣、晋矮 1 号等品种长势稍差，尤其是赞皇大枣的二次枝嫁接后极少抽生枣头，长势最差。一般粗度在 0.6～1 厘米之间的接穗质量较好，既方便嫁接，又利于培育优质苗木。如果量大，可先将剪回的枝条沙藏于冷窖内，待嫁接前再剪截分段后蜡封。

（二）接穗剪截

接穗一般留单芽，部分节间短的枝条可以留 2 个芽。先剔除枝条上的直刺、托刺，选择饱满芽，然后在每节距芽点上部 1 厘米、下部 5～6 厘米处分段剪截。剪刀要求锋利，截面要求平，少毛边，以便于蜡封和使用。剪好的接穗放置纸箱、塑料筐、筛子或编织袋内，不能及时蘸蜡的放置于冷库或阴凉处临时贮放。

（三）接穗封蜡

接穗均需整体蜡封。通过蜡封，可以保持水分，提高成活率。蜡封前若接穗存在失水现象时，可用清水浸泡 3～5 小时后晾干再蘸蜡。石蜡应选熔点在 54～58℃ 的精炼透明石蜡。封蜡时的蜡液温度以 90～110℃ 为宜，温度过低时，蜡层厚易脱落，过高则易烫伤接穗。用手或使用笊篱，使接穗迅速在蜡液中蘸一下，提出后立即轻轻甩掉多余蜡液，然后稍用力撒开或剥离开黏到一起的接穗。蜡层应薄厚均匀、全面周到。蜡封接穗要轻拿轻放，避免挤压，相互揉搓，以避免蜡层脱落失水。蘸蜡后，摊开降温至常温，然后将接穗装入塑料袋或纸箱，放在阴凉的地窖中贮存，并要加强温度和湿度管理，通过检查接穗有无腐烂和失水皱缩现象来调节湿度。湿度过大时，蜡层容易发霉，并侵害接穗霉烂。另外，也要防止鼠害。贮期一般可达半年左右。

（四）接穗质量检验

在贮藏和使用过程中，务必随时检验接穗质量。蜡封好的接穗一般要求无烧伤，无脱水，蜡层均匀、薄厚适中。保存好的接穗外观晶莹透亮，声音清脆。每千克蜡封接穗数量在230~260条之间，粗细均匀，长短一致。可以通过斜剪接穗，观察削面检验是否失水或烧伤，接穗髓部若湿润，轻刮时较脆，向外渗水，且颜色较深，表明水分充足；如果髓部疏松干硬，颜色灰淡，轻刮即成粉末，表明有失水现象。皮层如果韧皮部鲜绿湿润，表明无烧伤；如果外观发黑，韧皮部严重褐化，表皮易分离，则表明受到高温烫伤。另外，贮藏期间，如果湿度过大，则易引起发霉，蜡层松脱，尤其在接穗两端的皮层部位最易发病，接穗表皮严重时呈点块状蓝色霉斑。

三、常用嫁接方法

枣树的嫁接方法很多，根据嫁接时期的不同，取材不同，在生产上有各种各样的做法。简介几种如下。

（一）改良劈接法（图4-1）

据我们多年的育苗实践，并结合山西、河北等枣区的嫁接经验，总结出一套利用修枝剪嫁接枣树的改良劈接法，应用效果良好，嫁接成活率达90%以上，而且砧穗选择余地大、嫁接速度快、成苗率高，一般每人每天可嫁接1000株以上，一级苗出圃率可达80%左右。目前，该方法是枣树育苗最为普遍和常用的技术。

对修枝剪的要求是开刃好、锋利且刀口不变形、不开叉。手持剪刀时刃口朝向四指（朝外）。操作步骤如下：

四剪法处理接穗　①第一剪：以左手持接穗芽端，芽点朝下，接穗下端朝外，在距芽点5~6厘米处，将剪口平面与接穗上端呈30~45°夹角向下剪成一斜面。②第二剪：芽点朝外，拇指与中指捏住芽两侧，食指伸开，支撑住接穗下端。然后张开剪口，以剪口窄边卡在第一个切面与食指指端之间，再以刃边贴住接穗削成长3～4厘米的斜面。③第三剪：芽点朝里，继续固定接穗，食指稍曲回，以不接触已削成的斜面为限。再以剪刀窄边卡在第二个削面前端，然后刀刃贴紧接穗，靠剪口窄边的支力和右手向前的削力的共同作用，剪削成第三个斜面，同时第一个斜面已被剪去。这时，接穗下端已形成一个楔体，楔体靠芽一面长而宽，背面则短而窄。④第四剪：在楔体前端边缘不平或不齐时应进行修整，以避免不易插穗和砧穗接触不良。具体做法是：芽点朝外，按第三剪方法固定接穗，剪口平面垂直芽的侧面，并与接穗成30°～45°夹角，沿边缘剪齐即可。

两剪法剪砧木　①第一剪：嫁接前先将砧木平茬。嫁接时选根颈处的平直部位，将剪刀斜朝下30°～45°剪砧，使砧木断面成一斜面。②第二剪：在断面高的一侧边线上，剪口平面与垂直方向成一夹角剪下，夹角大小因砧木粗度而异，一般为20°～30°，切口面斜向下方，剪至砧木的1/2～2/3粗度处即可，切面长3厘米左右。

插穗时，芽面一侧与砧木劈口光滑的一侧靠紧，使二者形成层对齐，慢慢插至接穗略露白即可（如图4-1中8）。当砧穗粗细不同时，以一侧形成层对齐为准。

最后将已剪好的长10厘米、宽3厘米左右的塑膜条自下而上包严绑紧。不能留有缝隙，以免接口失水或进水，同时可减少接口处砧木萌生（如图4-1中9）。

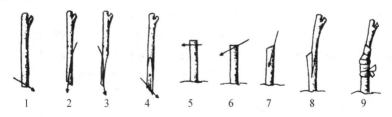

图4-1　改良劈接法

剪接穗：1. 第一剪　2. 第二剪　3. 第三剪　4. 第四剪；

剪砧木：5. 砧木平茬　6. 第一剪　7. 第二剪　8. 插接穗　9. 绑接穗

（二）皮下接（图4-2）

也叫插皮接、袋接，是目前枣树高接换种的主要方法，在以前不使用蜡封接穗时，嫁接后常常要套袋保湿。现在该嫁接方法技术简单、操作方便、使用工具少，速度快，成活率高。嫁接时间长，砧木离皮就可进行，用贮藏的1年生枝作接穗，可以从3月底接到6月初。

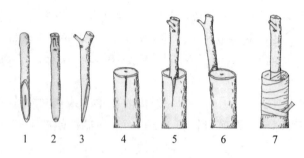

图4-2　插皮接

1~3. 削接穗　4. 剪砧并切开皮层　5~6. 插入接穗　7. 绑严接口

将接穗拿在左手，用食指将接穗托住，右手持刀削接穗。削时右手手腕不要晃动，右臂端平，以小臂向前推刀，将接穗下端削成较薄的单面舌状的大斜面，此斜面要求平、长、薄，斜面长度根据接穗粗度而定，一般3~4厘米。在大斜面的另一面削成0.5~1厘米的小斜面。接穗削好后，用切接刀将接口削平，然后切一竖口，深达木质部，切口长为大斜面长度的一半。枣树离皮时，即可用刀尖轻轻一拨，将树皮微微分开。离皮不好时，用撬子插入，将皮撬开。将接穗对准切口，大斜面向木质部，小斜面对皮层，慢慢插入。在插入时，左手按住竖切口，防止插偏或接穗插到外面，插至大斜面在砧木切口上微微露出为止。要使接穗与砧木接触良好，接穗绑紧，切口封严。

（三）腹接（图4-3）

嫁接苗木时，离地面5~8厘米接芽处上部剪去砧木，砧桩头留出0.2~0.3厘米，在剪口下斜切至砧干的2/3，掌握切削角度，切

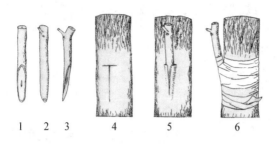

图 4-3 腹接

1~3. 削接穗 4. 砧木接口 5. 插入接穗和剪砧 6. 绑严接口

口不宜过深，切口过深则愈合困难，消耗营养多。

把接穗削成一个长斜面，一个短斜面，长斜面与切口长度相同。将削好的接穗插入切口，长斜面向木质部，短斜面向皮，对准形成层。如果砧木与接穗的粗度相同，形成层可两面对齐，愈合快；如果砧木与接穗粗度不同，对准一边的形成层即可。接穗插入切口后，用塑料条包封严密。

四、接后管理

（一）抹芽

接后应及时除去砧木所有萌芽，使养分集中用于接口愈合和接芽萌动生长。一般 7~10 天进行一次。当气温高、湿度大、萌芽生长速度快时，自萌芽起一周一次，连抹数次，直至不影响接穗萌芽和正常生长。在生长过程中发现多头现象，应及时选优去劣留单头。

（二）补接

20~30 天后检查嫁接成活率，对于接穗已干死的进行补接，要选用质量较好的接穗，嫁接后加强重点管理，已保持苗木整齐一致。

（三）摘心

当嫁接苗长到 80~100 厘米高时，对其进行顶端摘心，促其枝条成熟和苗茎加粗生长，以形成饱满芽，培育优质壮苗。

为保证接穗正常萌芽生长，如有的品种的二次枝只抽生枣吊，应吊尖摘心,以刺激主芽萌发枣头,或除去2/3枣吊强摘心,促使枣吊抽生枣头成苗。

(四)土肥水管理

当嫁接苗长到20~30厘米时,每亩追施磷酸二铵10~15千克,并灌水。在嫁接苗整个生长季节中,一般应进2~3次追肥,每次相隔20天左右。

应加强前期肥水管理,一般苗高15厘米左右时结合追肥浇水1次,以后视苗木生长状况和旱情再浇1次,至落叶后土壤封冻前灌越冬水。生长期除追肥外,应每隔15~20天叶面喷施0.3%尿素等促进苗木生长。追肥以复合肥、速效肥为主,亩施8~10千克,施肥一般结合灌水进行。

(五)病虫防治

在虫害防治上主要是萌芽期的食芽象甲、金龟子和生长期的红缘天牛、红蜘蛛。

五、苗木出圃

(一)起苗

起苗是优质枣苗培育管理的最后环节,起苗的好坏,直接关系到苗木质量和定植后的成活率。起苗在秋季或春季均可进行。如条件允许,最好是春季起苗,随起随栽,既可减少假植工序,又能提高栽植成活率。起苗前5~7天浇一次透水,使苗木吸足水分,土壤松软,便于起苗,减少对根系的损伤,确保根系完好。起苗时挖深30~40厘米,必须距干30厘米处切断侧根,保证挖出苗木主根长25~30厘米,侧根完整,长度在20~25厘米。切忌图快,损坏根系。起苗时最好选择阴天或无风的天气起苗,以减少苗木水分的散失。起苗后为了减少苗木水分的消耗,按用苗方定干的要求,预留出20厘米进行预备定干,上部健壮二次枝可留1~2芽后剪掉,既便于运输、栽植,又有利于幼树成活和整形。

(二)枣苗分级

为了便于管理和栽植,起苗后应按照等级标准进行分级,同时考虑品种生长特性，长势强的临猗梨枣、大白铃等品种苗木高度较高；长势弱的大荔蜂蜜罐、太谷美蜜枣等品种苗木高度要求较低斜。长势强的可以通过摘心控制高度、增大粗度；长势弱的基本不摘心，而要加强管理，提高苗木质量。枣苗生长速度慢，根据生产实践经验，一般按以下标准划分：

1. 一级苗

苗高 1.0~1.2 米，基径 1.0 厘米以上，根系发达，直径 0.5 厘米以上，长 20 厘米以上侧根多于 3 条。

2. 二级苗

苗高 0.8~1.2 米，基径 0.8 厘米以上，根系发达，直径 0.5 厘米以上，长 15 厘米以上侧根多于 3 条。

（三）苗木包装

将枣苗 50 株一捆，蘸泥浆后装入湿麻袋或湿草袋中，外用透气的编织袋进行包裹捆扎后进行运输。要求做到随起、随蘸泥浆、随包装、随运输。运苗时，最好用集装箱车或罩帆布篷车运苗，用卡车运苗，装苗后一定要用篷布覆盖严实，以防水分散失；同时要注意透气，防止发热腐烂。枣苗运到目的地后，要立即栽植或假植，切忌风吹日晒，苗木失水过量，影响成活率。

（四）苗木假植

苗木除秋季定植外，翌年春栽或外运的苗木，须进行假植。假植沟深 30~50 厘米，宽 50 厘米，长度根据苗木数量而定。把枣苗成排斜放沟中，根部分散开，埋土。然后挖沟，再放苗，再埋土，一排一排假植。务必使土和苗根密接，防止干枯。如假植沟土过干，应先浇水，待下渗后再行假植，也可将苗存于窖内或室内，把根部用湿沙或湿锯末覆严保湿，并经常检查，喷水保湿。

（五）苗木包装托运

苗木托运前应妥善包装，以免苗木运输中失水。通常将苗木每50 株扎成一捆，根部蘸泥浆，放适量的湿锯末或报纸保湿，然后用编织袋包裹好，包内应放上标签，标明品种名称、等级、株数、产地及出圃日期。若长时间远距离运输，在装车时放置湿草帘层，途中可多次喷水保湿。苗木到达目的地后，应立即松包栽植或假植。同时也要防止包装过于严密、气温过高造成内部发热发霉现象。

（六）苗木消毒检疫

苗木检疫和消毒是防止病虫传播蔓延的有效措施。苗木出圃时应严格进行，凡列入检疫的病虫，应严格控制不使蔓延，即使是非检疫对象的病虫，也应防止传播。因此，出圃苗木需要很好的消毒。可用波美 3~5 波美度石硫合剂喷洒或浸苗 10~20 分钟，然后用清水冲洗根部。

苗木长途运输时，必须到苗木繁育地林业部门办理检疫证明，以防病虫害的传播和运输途中不必要的时间消耗。

第五章

枣园建立技术

枣园建立要做到整齐美观且科学合理，以便于枣园高效管理和树体的正常健康生长发育，达到早产、丰产、优质和高效生产目的。枣园要实现集约化生产管理方式，作业程序多，功能区划细致，对园址选择和枣园规划需要更加严格要求。

一、园址选择

（一）位置

因枣收获期较为集中，不耐贮运，为了便于销售，尽快进入市场，或对于采摘观光果园为了游客的来去方便，应选择交通便利、靠近公路铁路或旅游景点、城市郊区、大中型城市方圆 100 千米以内的地区栽植鲜枣较好。枣园的选址通常以市场的变化和交通、农业、社会经济等条件的改变而转变，不是一成不变的。

（二）地势

相对于制干品种，枣园对土、肥、水等要求较为严格。平坦地栽枣树，因土层厚、肥力高，利于灌溉、追肥，便于管理，因而栽植枣树发育快、结果早、产量高、品质好；山坡丘陵地栽枣树，必须要求灌溉条件良好，阳光充足，果实着色佳、糖分高、裂果少。尽量选择地势平坦地块，如果是坡地，则坡度以 5°～18°的斜坡尚可，30°以上的坡地，因管理、采收不便，一般不宜栽植。

（三）方位

枣树大多为矮化密植栽培，且枣树非常喜光，花期和收获期害怕大风，因而更需要考虑小环境内的方位，要选择四周无遮挡阳光的高大建筑物、植物等的位置，南坡中下部温暖、土层厚、肥力高、水分多、风力小、日照时间较长，适合枣的要求，较北坡和坡顶为佳。

（四）土壤

枣树对土壤相对要求也较高，壤土和沙壤土中根系通气透水性较好，又保肥保水，因而生产的果品糖分含量高，汁液丰富，品质较好。所以以排水良好、渗透性强、通气性好、水位较高的壤土或沙壤土最适枣树栽培。在这种土壤上，结果早、产量高、品质佳。如果是黏土或沙土，则要不是通气性不好，要不就是保肥保水能力差，不耐干旱，因而不易栽植鲜枣品种。土壤的化学性质以中性最佳，但枣树适应酸碱能力较强，在酸性和碱性（pH值5.5~8.2范围内）土壤上也可生长。

（五）地下水位

地下水位的高低，直接关系到枣树根系的生长、发育。水位过高，土壤通气性差，影响微生物的活动和根系的扩大，反之水位过低，满足不了枣树对水分的要求，易于落果，影响产量。据观察，地下水位以3~8米最适栽培枣树栽培。枣抗盐碱、耐涝能力很强，也适宜在平原和低洼河滩栽植。枣喜光喜温，在山区建园时应选择阳坡或半阳坡。在土层很薄的丘陵山地或在沙滩地建园，应采用客土、炮震扩穴、增施有机肥等方法改良土壤。如无灌溉条件，应打井或修渠引水，以保证能及时浇水，提高栽植成活率。规模较大的枣园应设计好道路、灌渠、工具棚、配药池等。山地枣园应修筑梯田或水平沟，要特别注意修好排灌系统，以防止水土流失。

（六）气候环境条件

气候条件能够满足选栽品种生长发育的要求，例如当地无霜期的长短一定要不少于品种成熟所需要的最短天数；当地冬季最低温应高于品种所能承受的最低温而不被冻死；当地降雨量的大小及降雨时期的分布情况应满足枣树生长发育需求等。鲜枣作为水果可直接食用，因而绿色生产水平要求高，要求枣树栽培区域内没有工业企业的直接污染；水域上游没有污染源对该区域构成污染威胁；其生态环境、农田灌溉水平、土壤都达到相应的质量标准要求；要求大气、水质、土壤的各项检测数据均需达到绿色标准。

二、枣园规划

枣园规划主要包括小区划分、作业道、排灌系统、防护系统、建筑物位置及其他特殊设施的规划。

（一）小区规划

应根据一个枣园各小区地形地势、土壤状况、光照条件等大体一致的原则，将面积较大的枣园合理地划分若干个小区，以便小区内适于枣树生长发育整齐，减少人为和自然灾害，固土保肥保水，便于运输和生产作业，方便管理，经济利用土地。

小区面积地大小根据实际情况灵活确定。一般平原大型果园以4~6公顷为宜；丘陵、山区应以2公顷左右为一小区。小区形状以长方形为宜，长宽比例为2:1~5:1。平原小区的纵向应与当地主要有害风向垂直；山地的小区纵向要与等高线相平行。

（二）道路规划

园内的道路系统一般由主路、支路和作业道组成。10公顷以上的大型枣园可分为三级，3公顷以上的可设计两级，3公顷以下的只要有纵横各一条主路即可。在布局各级道路的位置、宽度、长度的同时，统筹考虑与小区防护带、排灌系统、输电系统、机械规格相互匹配。最高一级的主路位于果园中部，贯穿全园，一般6~7米宽，两辆卡车可并排会车，上下两条行道，是园内的主要道路，外与公路相通，内与支路相连，把果园分成几个大区。山地果园的主路应顺山势呈环形或"之"字形，坡度不超过5°~10°，路旁应设排水沟。支路垂直于主路，是小区之间的分界线，宽5米。枣园的大小和小区的多少，决定着支路的数量。为了便于经营管理，小区内应设1~2米宽的作业道，一般3~5行设1条作业道。

（三）排灌系统规划

枣园灌溉系统的设计要依据灌溉方式、水源、道路和地势走向而定，应充分利用当地的河流、山间小溪、地下泉水、地下水，修小水库、筑塘坝、打深井。若需要，根据果园面积的大小和需水量，在果园的制高点处修贮水池。

1. 地面灌溉系统设计

若用明渠，则干渠应布置在枣园地势最高的一侧路边，管道输水则直接把出水口设在最高处，从水源开始贯穿全园。若地势较平，全园地面没有落差，则可随区间主路随意设置。支渠将水直接引入各小区。在水源充足，坡度较小处，可采取漫灌法，支渠或输水管道出口应放在地势高的小区路边。每行树中间围地垄，形成许多小畦，灌溉时，按照小畦的数字依次进行；在水源不足时，可在每株树的树盘内挖4~6个灌水穴，利用主支渠把水引入穴内。在水源条件较差，水土流失又较重的果园，经济条件允许时，应积极推广低压管道输水灌溉、滴灌、喷灌等节水灌溉。

2. 喷灌系统设计

枣园喷灌主要采取半固式喷灌系统。移动式喷灌系统劳动强度大，道路、渠道占用多，设备损坏折旧速度快，使用时间不长久；固定式喷灌系统则设备利用率低，单位面积投入大，成本高，且设备妨碍其他作业，带来极大不便；半固式喷灌系统则能够轮流使用支管系统，提高了设备利用率，降低了投资成本，但劳动强度相对较大。

喷灌系统的设计首先要调查果园地形走势、气象、土壤等资料，然后确定地块的高程、水源水位、布管方向和灌溉强度等。干管应沿主坡方向布置，支管与主管垂直，与等高线平行，一级支管直接进入小区；地势平坦时，支管与树行向保持垂直，二级支管作为移动支管，一般与主风向垂直，沿小区行向移动浇水；水泵站设在整个喷灌系统的中心上。

3. 滴灌系统设计

滴灌具有节水量大、自动化程度高的特点，是我国未来推广的重要节水灌溉技术之一。滴灌系统主要包括水源位置、管道及滴头位置的设计规划。平原水源一般在灌区中心位置，丘陵山区则宜设在地势最高处。

4. 排水系统设计

排水可在地面上挖明沟，以达到排地表径流之目的。在多雨或地下水位高的平地枣园排水系统尤其重要。排水沟一般设在干、支路的一侧。小区内的积水通过小区积水沟排放到排水支沟，排水支沟再与干沟相连，汇集枣园全部积水到干沟排出枣园。山地果园排水系统是由集水沟和总排水沟组成。集水沟与等高线一致。梯田的集水沟应修在梯田内侧，比降与梯田一致，总排水沟连通各级等高排水沟，设在集水线上。总排水沟的方向与等高线垂直或斜交。

（四）防护设施规划

为营造良好的小气候环境和防止自然、牲畜以及人为破坏，可以栽植防护林、防护围栏等设施。

大中型枣园的防护林一般选择稀疏透风林带，分设主林带和副林带；小型枣园可只造环园林绿化带。主林带与有害风向或常年大风相垂直，宜采用透风结构林带，宽度与长度与当地最大风速相适应，一般占全园面积的2%。防护林树种可选择适应性强、树体高大、生长迅速、树冠紧密直立、与枣树无共患病虫害的林木品种，常用树种有杨树、榆树、紫穗槐、荆条、花椒、泡桐、合欢、苦楝等。防护林旁设置主道，距枣园北面不少于15米，南面不少于20米，这样有利于减少林带对枣树的不利影响。枣园四周可以建立铁艺栅栏或铁丝网等保护果园安全。

（五）建筑物规划

建筑物规划包括果园办公室、贮藏室、农机房、生产物资仓库、选果棚、泵房、配药池等。各种设施都应设在主路一旁、交通运输便利的位置上。

（六）其他设施

对于有特殊用途的果园，根据要求规划好必要的设施。例如观光采摘园，应设置方便游客休息、采摘和观赏的设施，如椅子、遮阳伞、路标等；示范生产园应设立墙报、宣传报架等。

总之，园地各部分规划要合理布局，井然有序，集美观、方便又实用于一体，尽量减少非生产用地，栽植枣树面积不得少于85%，灌渠占地2%~2.5%，防护林占地2%~3%，建筑物占地11.5%，道路占地2.5%，其他占地1%。

三、定植苗木

定植建园主要通过两种途径实现，一是坐地砧木嫁接建园，二是定植成品苗建园。通过坐地砧木嫁接建园过程：春季直接在定植位置上播种砧木种子，培育砧木苗，第二年春季再嫁接品种，方法基本同嫁接苗培育。该方法建园成本低，但过程复杂，费时费工，管理困难，且技术要求较高，很难保证苗木质量和建园的整齐度。定植成品苗木建园则是直接获得成品苗木，按一般方法定植建园，这是应用最为普遍的方法。该方法可选择均匀整齐的优质苗木定植，建园质量高，需购买或提前培育苗木。下面主要介绍定植成品苗建园技术。

（一）定植前土壤管理

按照枣园既定规划，实施苗木栽植前的各项准备工作。根据枣树优质丰产栽培对土壤的要求，实施土壤改良，进行土地平整，以便灌溉和提高土壤保肥保水能力；清理不能腐烂的杂物，进行土壤消毒和病菌防治；全园普施腐熟农家肥，每亩4000~5000千克，缺乏磷钾的土壤要加施磷钾复合有机肥或速效化学肥料，每亩40~50千克；最后实施全园灌溉和土壤深耕。

（二）栽植时期

可分为春栽和秋栽两个时期。根据当地的自然条件和习惯经验选择最适宜的栽培时间。决定当地定植时期的关键因素是年均温。一般年均温大于12℃的地区，秋栽和春栽均可以，不过秋栽的苗木翌年发芽早、生长势强、树势健壮。如当地年均温低于12℃，以春栽较安全，秋栽即使采用埋土或套塑料袋防寒，翌年也易出现抽条，颈部腐烂，影响成活。

1. 秋栽

秋栽在 11 月下旬枣树落叶后至 12 月下旬为宜，早栽为佳，此时土壤中水分较多、地温尚高、枝(脱落枝)叶已落、蒸腾作用微弱，定植后根部伤口愈合快、成活率高，且翌春发芽早、生长旺。一般来说，秋植以落叶后至封冻前愈早愈好。冬季土壤不封冻的地区最宜秋栽。秋季多雨，而春季干旱多风地区，适宜秋栽。因水分充足时有利于伤口愈合和根系恢复，翌年有助于苗木成活与生长。我国南方多以秋栽为好。

2. 春栽

春栽多在 3 月中旬土壤解冻后至 4 月中旬萌芽前进行。温度高时，枣苗生根、发芽速度快、易于成活。因而适当晚栽，甚至在萌芽期栽植可加快定植苗的生根发芽，缩短时间，减少栽后浇水保墒等管理工作，提高成活率。若春季过早栽植，则应给树苗套塑料袋，以减少树干失水，待枣树发芽后再去掉塑料袋。春栽不仅能弥补秋植时间的不足，并可防止晚秋栽植而造成的冻害。在无霜期短、秋季干旱多风、冬季寒冷地区最宜春栽，秋栽则易引起苗木抽条干枯死亡。在沙滩或重沙壤地建园，宜春栽。因为上述土壤保水力差，秋栽同样易使苗木失水抽干，降低成活率。

（三）定植方式

一般采用南北行栽植，行距大于株距，因而通风透光，便于管理，适合间作和机耕。但在大面积枣园外围，特别是风害严重的地方，行向应和主风向垂直以防风害。株行距的大小，因土质、品种、整形方式而异。大冠形品种宜大，如冬枣、北京鸡蛋枣、成武冬枣等，小冠形品种宜小，如临猗梨枣、大白枣等；肥地宜大，瘠薄地宜小；农田宜大，沙荒地宜小。

定植密度是影响品种早期丰产、提高土地利用率的关键因素。要根据土肥水条件、光照条件、品种生长特性、生产管理水平和建园要求等多方面因素综合考虑确定。在土壤肥沃、生长季长的地区进行密植栽培时，一般行距 3 米，株距 2~3 米，每亩栽植 70~110 株。

（四）苗木选择与处理

根蘖苗一般质量差，应尽量采用归圃苗或嫁接苗等优质苗木。嫁接苗的砧木根一般为 2 年生，嫁接后当年秋季或次年春季起苗栽植；归圃苗一般选用生长 1 年的根蘖苗在苗圃栽植培育后再成苗，培育当年秋季或次年春季起苗栽植。所以一般选 2~3 年生的发育健壮、苗高 1 米以上、地粗 0.8 米以上、根系好的枣苗定植。在选苗的过程中要进一步检查，清除病虫害侵染苗、酸枣砧木苗。栽前应将苗木根部劈裂、断处剪平，剪去二次枝和过长的根，以利发芽和新根的发生。特别注意，一定要把嫁接苗接口处的塑料绑带割开去除，否则难以成活，或发育不良，或接口处易折断。另外对根系进行催根处理，浸泡生根粉（ABT）后苗木成活率高，发根早，发根大，根系健壮，苗木生长迅速，可缩短缓苗期。从外地运回的枣苗，解包后，如果发现部分根系缺水，有干皮萎缩现象时，应立即以清水浸泡 10~20 小时，然后在阴凉避风的地方分层沙土假植，每天浇透水一次，待苗木体内水分补足、脱水现象消失后再定植。定植前应在干旱而又没有灌溉条件的地区，定植时可剪去地上部分，以最大限度减少水分的消耗，从而保障苗木的成活。

（五）栽植技术

根据确定的栽植密度与方式，用标杆、测绳、白灰标好定植点，在定植点上挖好栽植穴。若条件允许，秋栽可在夏季挖穴，春栽可在秋季挖穴，挖穴时表土和底土应分别放置。沙石多的地方要客土或换土。坑的大小主要因土质而异，在黏土地上应大，在结构性差的土壤上宜小，一般坑的长、宽、深均为 80~100 厘米。挖时表土和底土各放一侧，每坑施腐熟农家肥 10~15 千克，同表土拌匀后回填，先填表土，后填心土，呈馒头形堆集。栽植时将苗木放入定植穴内，前后左右对齐，校正位置，边埋土，边踩实。埋土至坑的 2/3

时，将苗轻轻向上提起，舒展根系，以便根系与土壤密接，根系向下，此时进行第一次踏实。然后用底土把坑封平，并做一水渠，再进行第二次踏实，踏后充分灌水。待水渗后，应采取保墒措施，用土或铺地膜覆盖，来减少土壤水分蒸发。

也可以先回填满土后先浇水，沉土增加土壤水分，过2～3天后土壤不黏时再进行定植。定植时，用铁锹再挖小坑，以刚好放下苗木根即可，然后埋土，提根，轻踩压紧土和根系。最后再灌适量水，渗干后覆土铺膜。这种方法可以减少幼苗根系与干土接触的时间，适宜在干旱地区和干旱季节使用。

苗木定植深度和方向尽量与起苗前的相同。深度可以嫁接口或苗木根颈处皮的颜色变化为准，嫁接口尽量与地面起，最多也要不深于地面5厘米；根茎处以下为白色，以上则颜色加深，以白色边缘为准，最多不深于地面10厘米。苗木定植方向即按苗木在苗圃时的阴阳方向，移栽到他地仍需是原方向。采用此法的目的是，使苗木适应原来土壤环境和光照条件，尽量减少不适应性，缩短缓苗期以利成活。

四、栽后管理

苗木栽后要加强田间管理，包括灌水、覆膜、修剪、追肥、病虫防治及缺苗补植等技术措施，确保定植成活率。

（1）灌水。苗木栽植后，应立即浇水，充分灌透，使根与土紧密结合，尽快吸收水分和养分，提高成活率。半个月后视土壤墒情再行第二次灌水。以后视土壤墒情及时灌水。

（2）覆膜。苗木栽植灌水后，立即在树盘铺覆地膜，大小稍大于树盘，全行覆盖或单株覆盖。覆膜可以保墒、提高地温，有利于根系生长，使苗木发根早、生长快，又可以抑制杂草生长，减少中耕，省工省力。

（3）中耕。灌水覆膜后待地表不黏时及时中耕松土保墒除草，提高土壤透气性，促使苗木尽快生根发芽，缩短缓苗期。

（4）修剪。苗木栽后应根据整形要求及时定干、抹芽、除根蘖。定干高度根据选择树型和修剪方法确定。一般定植后半个月左右树体开始萌芽，抹掉砧木上萌蘖，集中养分促使苗木生长。

（5）追肥。当苗木新梢长到 10~15 厘米时，应结合灌水追施速效氮肥，每亩每次 10~20 千克为宜。也可雨前开沟抢追化肥。在根部追肥的同时，每隔 10~15 天还应叶面喷肥。用 0.4% 尿素、0.3% 磷酸二氢钾，叶面喷肥也可结合打药进行。

（6）病虫防治。应特别注意金龟子、毛虫类食芽食叶，降低树势及影响成活。也应注意枣瘿蚊等虫害及病害，及时检查，及时发现，及时防治，以保证叶片的完整和树体的正常生长。

（7）补栽。苗木栽植时，应留有一定量的备用苗木同时栽植，以备缺株补栽。

（8）假死苗管理。新栽枣苗往往有假死现象，即第一年不萌发，第二年才发芽抽枝，不要误认为是"死苗"。这种现象的发生，主要是由于苗木质量差，或栽植管理不好等原因造成的。解决方法是在晚春大部分苗木已萌芽抽枝时，对不发芽的苗木，在苗基部向外挖 15 厘米深的沟，沟内浇 0.3% 的尿素水，水渗后将苗基部软化慢慢弯倒在沟内，固定后培 15 厘米厚的湿土，顶端外露 3~5 厘米，经根外补水、补肥 20 天左右苗木即可萌发。当顶端展叶时，可除去大部分培土，只留 1~2 厘米厚土，再经 7 天左右(选阴天)将苗扒出，浇足水，覆地膜即可。

第六章
枣树土肥水管理技术

一、土壤管理

枣树生长发育所需的养分和水分主要通过根系从土壤中吸收，土层厚薄、土壤质地、土壤肥力均对枣树的生长和结果有重要影响。因此，土壤管理是枣树营养供给的基础，加强土壤管理，给枣树根系提供良好的生长环境，是实现枣树早果早丰的重要前提，加强土壤管理，才能从根本上改变枣树的营养条件，提高产量。

优质丰产栽培对枣园的土壤条件有较为严格的要求，一般土层深厚，土壤透气性良好，保肥保水能力强，肥力条件好，有机质含量1%以上，pH5.5~8.0，总盐量低于0.3%。在山区、盐碱地等条件下，土壤要适时改良，枣园土壤管理包括土壤改良、水土保持、土壤深翻、刨树盘、中耕除草、土壤覆盖、枣园间作等。

(一)土壤改良

丘陵山地枣园土层薄、沙石多，应逐年扩穴、客土，以利根系向纵深扩展。沙荒地枣园为了防止风蚀和流沙，可采用以土压沙的方法。土壤黏重的枣园，可采用掺沙方法，增强土壤通透性。盐碱严重的枣园，要采用修筑台田等工程措施或用淡水压盐。

(二)水土保持

丘陵山地，水土流失严重，一般是坡度越大，水土流失越严重。因此，必须做好水土保持工作，在栽植前，应完成高标准的梯田或鱼鳞坑修筑工作，栽植后，每年还要注意维修和保护。

(三)土壤深翻

土壤深翻的作用是加深土层厚度，改善土壤通透性，增加土壤保肥保水能力，促进土壤微生物活动，使土壤的理化性状得到根本改善，为根系生长创造良好条件，以及防治病虫害，消灭虫源菌源。土壤深翻通常在秋季采果后，一般结合秋施基肥进行。通过深翻树盘切断部分根系，还会刺激萌生新根，促使根系生长，增强根系吸收能力。土壤深翻深度一般为 60~80 厘米，深翻的方法主要有两种，一是扩穴深翻，即在栽后第二三年开始，在栽植穴的外缘开始，逐年或隔年向外开轮状沟，直至枣树林间土壤全部翻完为止；二是行、株间深翻，即顺行或在株间挖条状沟深翻。深翻沟宽一般为 40~60 厘米，沟长以开沟方式和工作量大小而定。此外，对于密植枣园，可进行全园深翻。

对于山地枣树，由于土层下母岩坚硬，不易深翻，因此，可采用炮震扩穴松土的方法。具体方法是在树冠外围打炮眼，炮眼深 80~100 厘米，用药量视土壤母质而定。一般每炮眼装硝酸铵自制药 0.5~1.0 千克。每炮崩深可达 1.2~1.5 米，松土范围直径达 3~4 米。放炮后，拣出大块石头，结合松土，每亩枣树施有机肥 3000 千克左右，整平后浇水。炮震扩穴的宜在秋季落叶后至春季萌芽前进行。

(四)刨树盘

刨树盘是在秋末冬初或早春进行，在树干周围 1~3 米范围内用铁锹刨松或翻开 15~30 厘米土层，近树干处浅，越向外越深，免伤根系，除去杂草和不必要的根蘖。其作用是改良土壤、保墒、消灭地下越冬害虫。

(五)中耕除草

在生长季对枣园进行中耕，可清除杂草和根蘖，使土壤疏松，减少土壤水分蒸发，避免枣园杂草与枣树争夺养分和水分，不利于枣树的生长。通过中耕，不但清除了杂草和根蘖，还可保持墒情，促进土壤微生物活动，增加土壤肥力。生长季中耕深度一般为 5~10

厘米。中耕次数应以气候特点和杂草生长情况而定。北方春季及初夏干旱少雨，应锄松表土保墒，在杂草出苗后及时中耕除草效果较好。夏季杂草繁盛，在雨季来临之前翻耕一次，既可除去杂草，又可增加土壤有机质。

（六）土壤覆盖

枣园覆盖一般在枣树萌芽前或生长季中期进行。土壤覆盖地膜可以保持土壤墒情，抑制杂草生长，增加土壤养分，提高地温，增强树下光照条件等；也可土壤覆盖杂草、作物秸秆、锯末、绿肥等，覆盖物厚度一般为20~25厘米，覆草后要适当拍压，并在草被上压适量土。通过枣园覆盖可防止阳光直射地面，减少土壤水分蒸发，降低雨水对土壤的冲刷，抑制和消除杂草生长，稳定地温，促进土壤微生物活动，增加土壤肥力。覆草后追肥时，可扒开草被，进行穴施，施后浇水。秋季深翻枣园施基肥时，不要将草翻入地下。此后根据覆草腐烂情况，每年或隔年添加覆盖物。干燥天气，覆草枣园，要严防火灾。

（七）枣园间作

枣粮间作是一种立体农业模式。枣园适合间作农作物是由于枣树和间作物之间的肥水和光照矛盾较小。枣树具有萌芽晚、落叶早、枝疏叶小、根系分布稀疏等特点，通过合理选择间作物及相应的栽培技术，就可以基本上解决两者在肥水和光照方面的矛盾。与纯粮田相比，枣粮间作地的风速低，在夏季降低了温度，增加了湿度，减轻了干热风的危害。适宜的间作物有小麦、豆类、谷类等矮秆作物。提倡枣园间作豆科作物和间作绿肥，通过间作，在增加收入的同时，提高土壤肥力。

枣园最适宜间作绿肥作物，绿肥作物多数为豆科作物，通过根瘤菌的固氮作用可增加土壤氮素。绿肥作物适应性强，生长快，体内含有氮、磷、钾等营养元素，翻压后，等于给土壤施入了复合肥。绿肥作物覆盖地面，可调节枣园地温，减少土壤水分蒸发，防止土壤返碱，还起到防风固沙、保持水土、控制杂草的作用。长期间作和施用绿肥，可提高枣园土壤有机质含量，有助于土壤团粒结构的形成，可提高土壤的通透性和保肥保水能力。常用的绿肥作物有沙打旺、草木樨、紫花苜蓿、紫穗槐、田菁、绿豆、苕子、豌豆等。

二、枣园施肥

(一)枣树需肥特性和规律

枣树本身的特性决定，枣树花芽是当年分化，当年形成，花量大，使得营养消耗多。在枣树的年生长周期中，花芽分化、枝条生长，开花坐果及幼果发育几乎同时进行，物候期严重重叠，各器官间养分竞争激烈，营养生长和生殖生长的矛盾尖锐，致使枣树落花落果严重。枣树花量很大，但自然坐果率一般仅为1%左右。花期至幼果期严重落花落果，采收前也有少量落果，一些品种采前落果情况还较为严重。

(二)施肥注意事项

①必须使用腐熟后的有机肥料如堆肥、沤肥、厩肥、饼肥、沼肥等，微生物肥料如根瘤菌、磷细菌等。农家肥一般作为基肥，除施用人粪尿外，每年可将各种作物秸秆和人畜肥、磷肥混合堆沤，经过好气性微生物分解沤成的堆肥，人粪尿中含有大量病菌、毒素和寄生虫卵，如果未经腐熟而直接施用枣树，会污染枣果，传染疾病。枣栽培时，人粪尿必须经高温堆沤发酵或无害化处理后才能施用。在秋季枣采收前后，进行环状沟施或撒施，可提高土壤肥力，增强树体营养。

②枣园种草也是提高土壤肥力的有效方法之一。山地枣园种植豆科牧草，可增加枣园植被，起到生物覆盖作用。牧草割刈，覆盖枣园，可直接提高土壤肥力。通过种植豆科牧草，解决了发展牛、羊、猪、兔等畜牧的饲草问题，牧畜排泄物为优质农家肥，养殖业的发展，又解决了枣园肥源不足问题。

③注意及时追肥。在施用有机肥的基础上，为了满足枣树生长、结果的需要，还应在枣树整个生长期，追施有机生物菌和叶面喷肥。

注意不要过多地单一使用某种营养元素，某种营养元素过多施用，不仅会对枣树产生毒害，还会妨碍树体对其他营养元素的吸收，引起缺毒症。例如，施氮过量会引起缺钙；硝态氮过多会引起缺铁失绿；钾过多会降低钙、镁、硼的有效性；磷过多会降低钙、锌、硼的有效性。

④以有机肥为主，化肥为辅，必须有足够数量的有机物返回土壤，以保持或增加土壤肥力及土壤生物活性。所有肥料，应以对环境和枣果营养、味道、品质和抗性不产生不良后果为基础。

⑤硝态氮影响枣果品质，因而少施或不施硝态氮肥。

（三）平衡配套施肥

①枣树平衡配套施肥是指对树体必需的各种营养元素的协调供应，以满足生长、发育的需要，从而达到提高产量和改善品质、减少肥料浪费、防止环境污染的目的。目前，枣树栽培的施肥存在着品种单一化、数量不合理、方式陈旧等缺陷，造成了枣树贪青生长、病虫害加重、抗逆性减弱、肥料增产效益降低。平衡配套施肥对改变枣树传统的施肥习惯和施肥缺陷会起到重要的作用。

②实施平衡配套施肥技术可提高化肥利用率 5%~10%，增产率 8%~10%。平衡配套施肥技术主要包括土壤测试、肥料田间试验、施肥推荐、肥料的配制及施肥方法等一整套科学施肥技术。

③平衡配套施肥的土壤养分状况分析。首先要划定采样区，在每一个采样区内采取一个混合土样，采样区的大小视具体情况而定，生产地一般以 1~2 公顷为一个采样区；其次要确定采样点，采样点的分布要做到尽量等量、均匀和随机，在采样区内沿"之"字形线或蛇形线等距离随机取 5~10 个样点的土样。样点要避开粪堆、屋旁、地边、沟边或过去翻乱土层的地方等特殊地点；最后是采样，样点确定后，用土钻或小铲采取土样。每个采样点的取土深度及采样量应均匀一致，土样上层和下层的比例要相同，采样器应垂直于地面，入土至规定的深度。一个混合土样以取 1 千克左右为宜，用四分法将多余的土壤弃去。方法是将采集的土壤样品放在厚纸、塑料布或

木板上弄碎、混匀、铺成四方形，画对角线将土样分成四份，把对角的两份分别合并一份，保留一份，弃去一份。将土样装入土袋后，写好标签，注明采样地、采样深度、日期、采样人姓名、村乡地名等，送土肥化验室测定，以分析土壤养分状况。

④平衡配套施肥技术。枣树的整个生育期可以分为若干阶段，不同生育阶段对土壤和养分条件有不同的要求。因此，施肥方式也有所区别，一般应当采用施足基肥和分期追肥相结合的方法，而追肥的时期和次数应根据枣树生育期要求和土壤供肥特点而定。施肥方式的确定必须在摸清作物营养特性及当地土壤、气候和栽培技术等条件的基础上，总结出合理的施肥方式，逐步形成一定条件下合理的施肥体系。有机肥料，如厩肥、堆肥或绿肥等通常采用基施的方式，基肥施用量一般较大。用做追肥的肥料一般都是速效性化肥或腐熟良好的有机肥料，氮肥如尿素、碳铵等，磷肥如过磷酸钙、钙镁磷肥等。磷、钾肥一般施在根系密集层附近，而且要深施覆土。根外追肥是用肥少，收效快的一种辅助性施肥措施。但根外追肥对外界条件要求比较严格，一般在阴天或无风的晴天、清晨和傍晚喷施效果更佳。根外施肥的用量一定要严格按照肥料的使用说明进行施用。

⑤施肥时期。枣树施肥时期的确定，应以提高肥料增产效益为原则，在枣树需肥的关键时期，如营养临界期和肥料最大效率期。在肥料不足的情况下，应当将肥料集中施在枣树营养的最大效率期。土壤瘠薄、底肥不足的情况下，施肥时期应适当提前。在土壤供肥良好、树体生长正常和肥料充足的情况下，应当采取分期施肥，侧重施于最大效率期的方法。

(四)秋季施肥

秋季枣树根系活动仍较旺盛，地温也较高，此期施用基肥有利于断根的愈合和促发新根，另一方面根系可吸收基肥中的速效氮、磷、钾等营养元素，有利于叶片的光合作用，提高树体贮藏营养。另外，施入的有机肥经秋、冬两季，在土壤微生物的作用下进一步进行分解，逐渐将难利用的有机养分转化为有效养分，第二年可较早发挥作用，为枣树萌芽后枝叶生长、开花坐果供应养分。树体营养积累好，花芽分化质量好，就能促进花果发育，满足树体生长和开花坐果对养分的需求，减少花落果。

1. 基肥的施用量

根据各地丰产园的施肥经验，一般生长结果期树株施有机肥30~80千克，同时混入尿素0.2~0.4千克，过磷酸钙0.5~1.0千克；盛果期大树株施有机肥100~200千克，同时掺入尿素0.4~0.8千克，过磷酸钙1.0~2.5千克。

2. 基肥的施用时期

从枣果采收后到落叶前施用基肥最为适宜，一般在10月上中旬进行。基肥以圈肥、土粪为主，结合施入速效性氮肥或氮、磷、钾复合肥料，增加树体对贮藏营养的积累。

3. 基肥的种类

常用的有机肥有圈肥、人粪尿、家禽粪、饼肥、绿肥、土杂肥等，是一种完全肥料，含有枣树必需的各种营养元素，还可改良土壤，提高土壤的保水、保肥能力。

4. 基肥的施用方法

施肥方法与肥效的发挥有着密切的关系，枣树基肥的施用方法主要有四种。

第一，环状沟施肥法，也称轮状沟施肥法。方法是在树冠外围投影处挖一条环状沟，沟的深度根据根系分布深度和土层厚度而定。平地枣园一般沟深、宽各50厘米左右，施肥量大时沟可挖宽挖深一些，土层薄的山区可适当浅些。把表土与基肥混合后施入沟内，施肥后及时覆土、填平，整好树盘。此法适于幼树，随着树冠的扩大，施肥沟的位置不断外移，诱导根系向外伸展。

第二，放射沟施肥，也称辐射状施肥。由树冠下向外开沟，里面一端起自树冠外缘投影下稍内，外面一端延伸到树冠外缘投影以外。开沟4~6条，宽与深由肥料多少而定。施肥后覆土。这种施方法伤根少，能促进根系吸收，适于成年树，太密植的树也不宜用。第二年施肥时，沟的位置应错开。

第三，条状沟施肥法。在枣树行间或株间于树冠外围投影处，顺行向开沟，挖深、宽各50厘米左右，长度视树冠大小和肥量而定的条状沟，枣树行间可开多条，条状沟每年要轮换位置，即行间和株间轮换开沟。施肥要随开沟随施肥，及时覆土。此法便于机械或畜力作业，节省劳力，国外许多果园用此法施肥，效率高，但要求果园地面平坦，开沟作业与灌水要方便。在肥料不足时也可以采用。

第四，全园或树盘内撒施，即把肥料均匀地撒到全园或树盘内，然后耕翻土壤，耕深20~40厘米，把肥料翻入土壤。将土地平整，做好树盘。生草条件下，把肥撒在草上即可。全园施肥后配合灌溉，效率高。这种方法施肥面积大，利于根系吸收，适于已封行的成年树、密植树、纯枣园、枣粮间作园和山区梯田上的枣园。

以上四种施肥方法，轮换使用效果更好。挖施肥沟时，要注意保护根系，粗1厘米以上的根系不要切断。

5. 秋施基肥需注意的事项

枣树生产，基肥应以有机肥为主，混拌入适量的化肥。基肥施用量应占枣树总施肥量的70%以上。在确立基肥的品种和数量时必须注意以下几点。

①要防肥料浓度的障碍，有机肥缓效，缓冲性大，即使大量施用，也很少发生浓度障碍。但在基肥的总量中，如果使用过量的化肥作基肥，会造成局部的高浓度肥料障碍，因此枣树施肥总量不足时，要通过增加基肥中有机肥的数量来满足。

②基肥中氮素化肥少用硝态和铵态氮化肥，硝态氮化肥施入土壤不易被土壤吸附，易被雨水或灌溉淋失，故不宜大量作基肥；铵态氮化肥施得太多，会发生严重的生育障碍，出现叶色黄化或萎缩现象。同时还会影响作物钙镁肥吸收，故亦不宜大量作基肥。

③基肥中钾肥不宜太多，虽然钾肥施入土壤不易被水淋失，但是一次性钾肥施用量过多，会影响钙、镁等养分吸收，容易引起生

理缺钙、镁元素的缺素症。

④有机肥料必须经过充分腐熟才能施用。如果有机肥料不经腐熟施入根际，在土壤微生物分解有机肥料的过程中产生的热量，可以使根系烧伤，严重时导致幼树死亡。

（五）生长季追肥

枣树年生长期较短，而生长期中生长活动又极为活跃，尤其是5~7月经历枝叶生长、花芽分化、开花结果、根系生长等重要物候期，需要消耗大量营养物质，土壤的自然肥力往往不能满足枣树生长发育，必须通过合理追肥，给土壤补充养分，增加枣树对养分的吸收，追肥对枣树的生长和增产效果十分显著。就需肥量而言，一般认为，枣树应该比苹果需肥量还高，因为枣鲜果的干物质、糖分含量比苹果高 1.2~1.8 倍。就需肥规律而言，枣树追肥要特别注意"三肥"，即萌芽肥、花期肥和助果肥的施用。

1. 肥料种类

枣树追肥主要为速效化肥，追肥应含有枣树生长结实必需的营养元素，追肥肥效快、肥效短，易随水流失。常用的追肥有碳酸氢铵、硝酸铵、尿素、磷酸二铵、过磷酸钙、重过磷酸钙、钙镁磷肥、硝酸磷肥、氯化钾、硫酸钾、钾镁肥、钾钙肥等。

2. 追肥的施用时期及方法

（1）萌芽肥

萌芽前追肥也称催芽肥，此期追肥能使枣树萌芽整齐，促进枝叶生长，有利于花芽分化，尤其对于树势衰弱或基肥不足的枣园，这次追肥更显重要。此次追肥以氮肥为主，适当配合磷肥。北方枣区一般多在4月上旬进行。1~3年生幼树每株可追施尿素或磷酸二铵 0.1~0.3 千克。盛果期大树，每株可追施磷酸二铵 1.0~1.5 千克。

（2）花期肥

花前可追施速效性肥料尿素、过磷酸钙、氯化钾，也可用腐熟的人粪尿和草木灰兑水后浇施。花期进行叶面喷肥及时补充树体急需养分，也能明显减少落花落果现象。盛花初期（40%的花开放），喷尿素、磷酸二氢钾混合液，能增产22.6%；花期喷微量元素硼、铁、镁、锌等也能有效提高坐果率。在花前和初花期进行，此期枣树开花数量多，时间长，消耗营养多，由于营养不足，会造成大量落花落果。因此，及时追肥补充树体营养，对提高坐果率、促进幼果生长，避免因营养不足而导致大量落果极为重要。此次追肥以氮、磷肥为主，适当加入一些钾肥。在花前或初花期施磷酸二铵0.5～1.0千克，硫酸钾0.5～1.0千克。

（3）助果肥

枣树第一次落果后，果实迅速生长，果实细胞体积增大，如肥水不足，影响果实的发育甚至落果。因此，幼果期追肥不仅直接影响产量，而且关系着果实品质。此次氮、磷、钾配合施用，适当增加磷钾肥的施用比例，作用是促进果实膨大和糖分积累，提高枣果品质，同时，增加叶片光合效能，有利于枣树贮藏营养的积累。追肥量为磷酸二铵0.5～1.0千克，硫酸钾0.75～1.0千克。

3. 叶面追肥

枣树叶面追肥是将肥料溶解于水，喷布在叶面的施肥方法，叶面追肥，即根外追肥，简单易行，用肥量小，发挥作用快，对枣树有特别明显的效果。干旱地区土壤追肥比较困难，应增加叶面喷肥次数。

（1）肥料种类要适宜

适宜进行枣树叶面追肥的肥料种类很多，常用的有尿素、磷酸二氢钾和硼、锌等其他微量元素。易挥发、难溶性肥料不适宜，如碳铵、钙镁磷肥等。

（2）喷肥浓度要适宜

喷施浓度低了效果不佳，高了易产生肥害。叶面施肥常用肥料及适宜喷布浓度为尿素0.3%～0.5%、磷酸二氢钾0.2%～0.3%、硼砂0.5%～0.7%、硫酸亚铁0.2%～0.4%、硝酸钙0.3%。

（3）喷施肥液量要充足

喷施时，以枣树叶片均匀布满雾状肥液不滴流为宜。

（4）喷施部位要得当

喷施时叶片正反两面都要喷到，特别是气孔较多的叶片背面更要喷到，不可漏喷或重喷，因为叶背面比正面吸收率高1倍以上。

（5）施用时期要适宜

枣树不同生长时期，应喷施不同种类肥料，生长季前期以喷氮为主，花期在喷氮肥的同时，可加喷硼肥；果实发育期以喷磷钾肥为主，辅之以氮肥。

（6）喷施次数要适当

通常要求在枣生长期每隔10～15天就进行一次叶面喷肥。

（7）施用时间合理

喷肥时间最好在10:00前和16:00后进行，以免高温发生肥害。此时温度低、湿度大，有利于延长肥液在叶面上的湿润时间，利于枣树叶片对肥料吸收，提高肥效。如喷后3小时遇雨，天晴后要补喷，但浓度要适当降低。

（8）合理混用肥料

叶面追肥时，将两种或两种以上的肥料合理混用，增产效果显著。但不可任意混用，如磷酸二氢钾不能和稀土混施，过滤后的人粪尿不能和草木灰浸出液混用，磷酸锌不能和过磷酸钙混用。

叶面喷肥可单独进行，也可结合打药同时进行，这样既可防治病虫害，又能达到施肥的目的，但要注意含磷肥料一般不能与含石灰的碱性农药混喷。

三、水分管理

（一）枣树需水特性及灌溉时期

枣树虽较抗旱和耐涝，但对于鲜枣来说，如要获得高产优质仍需在生长期加强灌水和排水管理，以满足枣树对水分的需要和防止积水危害。枣树的整个生长期，都要求较高的土壤湿度，土壤水分供应不足，干旱缺水，枣树生长发育也受到不利影响。生长季要求土壤相对含水量为65%~70%。枣树在生长前期需要充足的水分，尤其在开花期和幼果迅速生长期不能缺水。春季萌芽前的催芽水，结合施肥进行，可使花蕾增多，生长健壮；开花前的助花水，便于顺利开花，促进根系和新梢的生长；落花后的保果水，在开花后结合追肥进行灌水，有利于根系吸收，增加空气湿度，有利于授粉受精，防止"焦花"和提高坐果。尤其是花期和硬核前果实迅速生长期，对土壤水分十分敏感，当土壤相对含水量小于55%或大于80%时，幼果生长受阻，落花落果严重。枣树花粉发芽需要一定的温度和湿度，一般枣树花粉发芽的适温为24~30℃，温度过高或过低对花粉发芽均不利。枣树花粉发芽的适宜湿度在70%~80%，空气过于干燥，相对湿度低于40%~50%，则使花粉发芽率降低，缺水则易形成"焦花"和落花落果，严重影响坐果。在果实硬核后的缓慢生长期中，当相对含水量降至30%~50%时，果肉细胞则失去膨压变软，生长停止。在北方枣区，枣树生长的前期正处于干旱季节，更应重视灌水。灌水时期分别为萌芽前、开花前、落花后和越冬前几个关键时期。

（1）催芽水。早春萌芽前，一般4月上中旬，结合追肥灌1次催芽水，可促进营养的吸收运转，有利于萌芽、枣头和枣吊的生长、花芽分化、开花质量、坐果和幼果发育。

（2）助花水。枣树花期对水分相当敏感，水分不足，授粉受精不良，降低坐果率。北方枣区枣树开花期正处干旱风季节，"焦花"现象相当严重。因此，要结合花前追肥灌1次助花水。

（3）保果水。枣树在幼果发育期，需水量较大。此期正值7月上旬，天气干旱，气温高，枝叶易和幼果争夺水分，导致幼果萎蔫，要结合追肥灌1次促果水。

（4）膨大水。在果实白熟期，结合追肥灌水，有利于枣果膨大，有利于果实着色鲜艳，提高品质。

（5）封冻水。为了增强枣树抗寒能力，在土壤上冻之前，结合施基肥灌1次封冻水。

具体的浇水时期、次数要因地制宜，在山区和没有浇水条件的地方，应进行多次中耕，蓄水保墒，以及应用旱作抗旱栽培技术，解决枣树生长结果的需水问题。北方枣树尤其要注意对水的"前促后控"，前期决不可干旱缺水。南方枣区，自然降雨一般能满足枣树对水分的要求，则不需灌水。

枣园土壤水分过大或园地长期积水，会引起土壤严重缺氧，枣树根系发育不良，树势衰弱，产量下降。果实生长后期园地积水，还会加大空气湿度，枣果大量霉烂脱落，形成丰产不丰收。枣树建园地应做好排水工程，一旦土壤超过田间最大持水量75%~80%时，就立即进行排水。

(二) 常用灌水方法

枣树常用的灌水方法可分为地面灌水、地下灌水、喷灌、滴灌等。

1. 地面灌水

地面灌水是采用管道或窄沟把水引入果园进行灌水的方法。其中，常用的方法有树盘或树行灌水、穴灌或沟灌等。树盘或树行灌水是在树冠外缘的下方作环状土埂，或树行的树冠外缘下方作两条平行直通土埂，通过管道或窄沟将水引入树盘或树行内。水渗下后，及时中耕松土。穴灌或沟灌是山坡旱地枣园一种节约用水的好方法，在冠外围挖数个深20~50厘米，宽约30厘米的穴或挖数个深20~50厘米，宽约30厘米的小沟，将水引入。在水源不足，采用人工担水时常运用此法。水渗下后，用土埋沟保蓄水分。穴灌还可以在穴内内用杂草(或秋秸)填实，将肥水从孔口灌入，孔的位置每年更换一次，此法投资少、效果好，易推广。

2. 喷灌与微喷灌

需采购成套设备和专门技术，投资较大。微喷灌是喷灌技术的改进设备。由水源、进水管、水泵站、输水管道(干管和支管)、竖管、喷头组成，喷头将水喷射成细小水滴，像降雨均匀地洒布在果园的地面进行灌溉。喷灌的优点是省水，减少地面径流，避免水土流失；调节果园小气候；节省劳力。虽然喷灌设备投资较高、但所获效益较大。

3. 滴灌

滴灌是一种值得广为推荐的最新式省水灌溉法，各地均有推广。滴灌可为局部根系连续供水，土壤结构保持较好，水分状况稳定。包括大的蓄水池和成套滴灌机械设备，可向专业部门求购，技术上注意防止管道堵塞。滴灌特别适用于果树，滴灌能节水90%~95%，土壤湿润适度，利于根系活动，对防止土壤次生盐渍化有明显作用，可增产20%~30%。虽投资较高，由于经济效益好，尤其干旱、缺水严重的果园最为适用，1~2年便可收回投资。

4. 喷水

枣花粉发芽需要较高的空气湿度，空气的相对湿度超过70%~80%时，花粉发芽正常。随着空气的相对湿度降低，花粉萌发率降低。但我国北方枣区花期常易天气干旱，影响枣树的授粉受精，造成严重减产。枣花开放时通常因空气干燥而造成"焦花"影响坐果。因此，在花期喷水，可提高空气湿度，提高坐果率。一般年份喷水2~3次，严重干旱年份可喷3~5次，一般每隔1~3天喷水一次。一天中喷水时间以傍晚为好，因傍晚空气湿度较高，喷水能维持较长时间高湿状态。喷水效果与当年花期干旱程度及喷水量有关，空气干旱严重，大面积、大水量喷布，坐果必然会大幅度提高。

(三)常用节水方法

在我国许多干旱地区，灌水条件不足或根本没有灌溉条件，种植枣树的可以采用以下几种措施。

1. 覆盖

用作物秸秆、木屑、杂草等覆盖果园地面，可防止土壤水分蒸发，保持土壤温度稳定，增加土壤有机质含量，有利于土壤微生物活动繁衍和改良土壤结构。覆盖厚度以10~20厘米为宜。

枣园地面覆膜，节水保水，增加地温，防治病虫害。黑色地膜可防草害，反光膜能提高树体光合作用和使枣果着色良好。

2. 土壤改良

提高土壤有机质含量，提高土壤吸水保水能力。

3. 松土保墒

雨后或灌水后及时中耕，切断土壤毛细管，减少水分蒸发。

4. 采用喷灌或滴灌

这两种方法尤其适于山地丘陵区枣园，具有节水、保土保肥、节省土地和劳力、适用范围广等优点，在经济条件具备的地区，应积极推广。

5. 穴贮肥水

即在树冠下挖 3 ~ 5 个直径 20 ~ 30 厘米、深 40 ~ 50 厘米的圆筒状坑，坑内放入玉米秸、杂草等物，将追肥施入，然后覆土，将水灌入坑中，坑上覆地膜或覆草，以增强蓄水保肥效果。

6. 整修树盘，建拦水坝

在山区，要整修树盘，使树盘里低外高，以便拦截雨水。建拦水坝可在降雨时贮存雨水，以便在干旱时使用。

（四）抗旱灌水注意事项

灌水是枣树抗旱的一项重要措施，但灌水方法不正确，会对枣树生长和结果带来损失。枣树抗旱灌水时要注意不漫灌和不猛灌。

1. 不漫灌

漫灌不仅耗水量大，浪费水源，而且破坏土壤结构，引起土壤板结、通气不良，不利于枣树的正常生长发育。枣树需要灌水时，应取沟灌、穴灌和树盘灌等方式，有条件的还可采用喷灌或滴灌，效果更好。

2. 不猛灌

在抗旱灌溉时，特别是枣树生长后期久旱时灌水，千万不可猛灌，否则会造成大量裂果，严重影响产量和品质。枣树种植，最忌久旱后灌水，要注意及时灌水，及时补充土壤水分，灌水既不能过量，也不能过快。

四、植物生长调节剂的合理使用

(一)枣树使用植物生长调节剂的种类

在枣生产中应用的植物生长调节剂主要有赤霉素类、细胞分裂素类及延缓生长和促进成花类物质等。允许有限度使用对改善树冠结构和提高果实品质及产量有显著作用的植物生长调节剂，允许使用的植物生长调节剂主要种类有苄基腺嘌呤、6-苄基腺嘌呤、赤霉素类、乙烯利、矮壮素等。

(二)植物生长调节剂在枣树上的使用方法和主要作用

喷施植物生长调节剂和微量元素应选择无风的天气，阴天或10:00以前和16:00以后使用，一般喷2次或3次，每次相隔5~7天。

1. 促进开花坐果，提高坐果率

在花期喷施植物生长调节剂，可有效地调节营养物质分配和提高营养水平，促进单性结实、细胞分化，是提高坐果率的重要措施之一。植物生长调节剂与微肥配合使用，效果更佳。常用的植物生长调节剂和微量元素喷施浓度和时期是：盛花期喷施赤霉素10~20毫克/升、喷硼酸钠(硼砂)300毫克/升、稀土300毫克/升、硫酸锌200~300毫克/升等均能明显提高坐果率和产量。

2. 阻碍离层形成，减少落花落果

采前防止落果盛花期喷10~20毫克/升萘乙酸；幼果期喷施10~20毫克/升萘乙酸，采前一个月喷10~30毫克/升萘乙酸或防落素(氯化苯氧乙酸)1~2次，抑制果柄产生离层，减少落花落果，使幼果进入快速生长期。

3. 促进木质化枣吊离层形成，提高次年结果质量

当年形成的木质化或半木质化枣吊结果能力强，果实品质好，但如果秋冬季难以脱落，第二年继续结果则质量下降，长势衰弱，因而，有必要在第一年结果后去除，以积累养分，提高果实品质。

第七章

枣树整形修剪技术

一、修剪依据

(一)品种特性

不同的枣品种，生长结果习性不同，修剪方法和修剪程度也须相应地改变。临猗梨枣1~2年生枣股结实能力强，要注意促发新枝结果，鲁北冬枣、赞皇大枣1~2年生枣股结实能力弱，修剪时要区别对待，前者要多短截，促发枝，后者要多培养2~3年生以上的枣股。

(二)自然条件和栽培技术

不同的自然条件和栽培技术对同一枣树品种会产生不同的影响，整形修剪时应考虑当地的气候、土、肥、水条件、栽植密度、砧木种类、病虫防治以及机械化管理等情况。一般生长季长、高温多雨或地势平坦、土层深厚肥沃、肥水比较充足的地方，果树生长茂盛，枝多冠大，对修剪反应比较敏感。因此，宜采用大型树冠，定干要适当高些，主枝数适当少些，层间距适当大些，修剪量适当小些，多疏剪，少短截。反之，在生长季短、寒冷干旱、土壤瘠薄、肥水不足的山地、沙荒地或地下水位高的地方，枣树生长较弱，要定干低些，层间距小些，修剪量稍大一些，要多短截，少疏剪。此外密植栽培、设施栽培和机械化管理的枣园，整形修剪也要相应地改变。

(三)树龄和树势

幼树生长旺盛，此期栽培的要求是及早成形，适量结果；盛果期树势渐趋缓和，栽培的要求是高产、稳产，延长盛果期年限；衰老期树势变弱，栽培的要求是更新复壮，恢复树势。因此，不同年龄时期的修剪量和修剪方法应有所不同。

(四)树体结构

整形修剪时要考虑枣头、二次枝和枣股的数量、比例、分布位置、生长势等。如配置分布不当，会出现主从不清、枝条紊乱、重叠拥挤、通风透光不良、各部分发展不平衡等现象，必然会影响正常的生长和结果，须通过修剪逐年加以解决。

二、修剪时期

枣树的整形修剪时期，分为休眠期修剪和生长季修剪。不同修剪时期的修剪方法、修剪效果和修剪后树体的反应差异极大，因而不能相互混淆。

(一)休眠期修剪

休眠期修剪也叫冬季修剪，指冬季枣树落叶后处于休眠状态到翌年春季萌芽以前这个时期的修剪。枣树在果实采收后，叶片所制造的养分大部分用于贮藏，落叶以前，这部分养分要向基部大枝和根部运输并贮藏，第二年春季气温回升再向上运输，用于枝叶生长和开花坐果。这样在枣树休眠期间，幼龄枝条所含养分少，剪去后养分损失少，剩下的枝条到翌年春季得到养分将相对充足，从而使生长势加强。因此冬季修剪主要用修枝剪剪去枝条或用锯疏除大枝，适合于树形培养，树冠扩大，或者老树更新及辅养枝改造等大手术。

(二)生长季修剪

生长季修剪也叫夏季修剪，指春季萌芽后到秋季落叶前这段时期的修剪。生长季修剪处于枝梢生长变化期，能够随枝、叶、果的生长情况及时调整和解决各种矛盾问题，保证生长结果的正常进行。所以生长季修剪已越来越引起重视，并在用工和时间上超过冬季修剪。生长季修剪的主要措施有摘心、抹芽、拉枝、拿枝、环割、环剥等。

三、常用修剪方法

（一）定干

定干也称截干，指在幼树整形时，在树干的一定高度剪掉上部，目的是促发新的枣头，培养主枝。定干高度非常重要。如定干过高，不但进入盛果期较晚，而且产量较低。据调查，定干高度以 30~50 厘米为宜。春季定植后，树盘铺地膜，不但能提高成活率，而且可促进当年苗木生长。

（二）疏枝

疏枝即将枝条（一次枝、二次枝或枣吊）从基部全部剪去。凡位置不当，影响通风透光，又不计划做更新枝利用的枝条，都应从基部剪掉，作用是减少枝量，加大空间，改善通风透光条件，集中树体养分，提高产量。正如俗话说："枝条疏散，红枣满串，枝吊拥挤，吊吊空喜。"疏剪主要用于控制改造树冠内的交叉枝、并生枝、重叠枝、轮生枝、竞争枝、衰弱枝等。在幼树期或树势旺时应去强留壮，去直留平，以缓和树势。对于盛果期树，为维持树势健壮，应去弱留强，去下垂留直平。在集约化管理条件下，对多年生枣股着生的枣吊过多时，一般留 2~3 个枣吊，其他的全部疏掉，以提高果品质量。

（三）短截

短截也叫短剪，将 1 年生枣头一次枝或二次枝剪掉一部分。短截在冬季进行，去掉了部分枝芽，这样保留下的芽子翌年春得到养分供应相对充足，提高其枣股的结果能力。还可将枣头一次短截后再将剪口下第一个二次枝从基部剪除，促使剪口下的主芽萌发，长成枣头。

（四）回缩

回缩又叫缩剪，指剪掉多年生枝的一部分。缩剪后，去掉枝量大，腾出空间多，能改善光照条件，作用是集中养分，有利于更新复壮。

（五）拉枝

拉枝对生长直立或下垂扭曲严重的大枝，用铁丝或绳子将其角度和方向改变，调节枝条生长，积累养分，促进花芽分化，提早开花结果。在树体偏冠、缺枝的情况下，可通过拉枝填空补缺，调整偏冠、扩大结果部位和面积。

（六）摘心

摘心指在生长季对枣头一次枝、二次枝或枣吊顶端进行剪除。作用是阻止其延长生长，使留下的枣头发育健壮，培养成健壮的结果枝组。根据剪留枝的长度可分为轻摘心和重摘心。空间大，枝势强，需培养大型结果枝组的枣头，在有7~9个二次枝时摘心，二次枝6~7节时摘心。空间小，枝势中等，需培养中小型结果枝组的，可在枣头有4~7个二次枝时摘心，二次枝3~5节时摘心。枣头如生长不整齐，则需进行2~3次，摘心越早，对促进下部枝条及二次枝、枣吊生长越有利，提高坐果率的效果越大。对于枣吊过于长的，要对枣吊进行摘心，以集中结果，提高结果率。

（七）抹芽

抹芽指在生长季把各级主侧枝、结果枝组间刚萌发出的没有利用价值的枣头抹除，以节省养分，增强树势，并减少以后的修剪量。

（八）环割

花期在枝条基部用刀环割，深达木质部。目的是暂时切断和阻碍割环上部有机养分下运，有利于开花坐果。对坐果率不高或树势较旺的树体进行。

（九）环剥

环剥又称开甲，指花期对枣树主干或骨干枝进行环剥，作用是暂时阻止光合产物向根部运输，使地上部分相对的养分积累增多，缓解枝叶生长与开花坐果对营养竞争的矛盾，从而提高坐果率和产量。环剥时间一般在盛花期，甲口宽度一般为0.3~0.8厘米，要求甲口在1个月左右愈合。同环割一样，可提高坐果率，缓和树势，防止长势过旺不利于坐果。环剥的影响程度大于环割，需谨慎，尤其对主干实施时要注意随时观察愈合情况。

四、主要树形

枣树的整形修剪，在增加枝叶量，促进坐果的同时，要注意随时整形，为丰产稳产建立牢固的树体骨架。适宜枣树采用的树形主要有以下几种。

（一）小冠疏层形（图7-1）

树形优点是树体小，成形快，光照好；主枝少，负载重量大，易丰产；修剪方法简单，地下管理方便。全树主枝5~6个，分三层着生在中心干上，第一层3个，第二层1~2个，第三层1个，主枝上不设侧枝，直接培养大中小型枝组，干高50~70厘米，主干直立，树高2.5厘米左右。

整形修剪技术要点是在距地面50~70厘米处，选留3个长势均匀，角度适宜（基角45°~60°），方位好，层内距在10~20厘米处的1~3龄枝培养第一层主枝，主枝长1米左右；距第一层主枝上70~80厘米处选留1~2个枝条做第二层主枝，长度小于第一层主枝。第三层距第二层50~60厘米，选1个枝即可。三层主枝上直接培养大中小结果枝组。第一层以大型枝组为主，第二层以中型枝组为主，第三层以小型枝组为主。枝组相互交错，通风透光。树高达2.5米左右时，顶部及时回缩，增加下部养分积累。

图7-1　小冠疏层形

图7-2　自由纺锤形

（二）自由纺锤形（图 7-2）

树形优点是生长势强，通风透光好，成形快，修剪方法简单，枝组布局合理；树体小，产量高，地下管理方便。主干直立，无主枝，枝组直接着生在主干上；结果枝组下强上弱，下大上小；全树有枝组 12~15 个，树高 2.5 米左右。

整形修剪技术要点是在距地面 50~70 厘米处，选择角度大、生长壮的 1~2 龄枝条依下而上培养枝组。而下层枝组又以栽植密度决定大小。一般要求株间留有 30~35 厘米宽的发育空间，行间留 80 厘米的作业道。枝组培养方法可采用二次枝重短截夏季摘心，拉枝等措施。主干上枝组为保证有旺盛的结果能力，3~5 年可更新复壮一次。更新时，可在枝组基部 6~10 厘米处重截，刺激隐芽萌发新枝，培养新枝组。可依枝组情况，分批分年进行。

（三）多主枝自然圆头形（图 7-3）

树形优点是骨架牢固，光照好，整形简单，骨干枝少，负载量大，结果早，宜丰产；管理和采收方便。干高 70~100 厘米，主枝 6~8 个，交错排列在中心干上，不重叠、不分层；主枝上直接着生中小型枝组。枝组与枝组间有一定的从属关系；干高 50~70 厘米，主干直立，树高 2.5 米。

整形修剪技术要点是在距地面 50~70 厘米处，选留长势强，方位好的 1~3 龄枝条，依下而上培养主枝，并使主枝均匀分布在心干上。各主枝上结果枝组的培养方法是将二次枝从基部剪除，促其主芽萌发枣头，在枣头长出 5~7 个二次枝时夏剪摘心，培养成中小型枝组。要求枝组交错，通风透光，立体结果。树冠达一定高度的落头。枝组 5 年生左右，可重回缩更新。也可主枝回缩重新培养主枝及结果枝组。

图7-3　多主枝自然圆头形　　　　图7-4　水平扇形

（四）水平扇形（图7-4）

树形优点是树冠小，受光面积大，早期产量高；修剪方法简化，技术容易掌握；果实着色好，品质优良。全树有水平主枝3～4个，分别向两个相反方向生长；主枝长度1米左右，顺行向枝展，树高1.8米左右，成形后为扇形；干高40厘米，各主枝层间距40～50厘米。

整形修剪技术要点是定植当年萌芽前将植株顺行向拉成近水平状，距地面40～50厘米，在弯曲背上选方位适宜，芽体饱满的主芽，剪去上方二次枝，然后主芽前部刻伤促发枣头培养主枝。次年再将此枝拉向另一方，如此拉平3～4个主枝，各主枝上配中小枝组为主，严格控制大型枝组。枝组分布均匀，通风透光良好。枝组培养采取二次基部剪除，待主芽萌发长到5～7个二次枝时，夏剪摘心。

五、不同时期和类型枣树的修剪方法

（一）枣树幼树时期修剪

枣树幼树期生长旺盛，幼树修剪应以整形为主，提高发枝力，加大生长量，迅速形成树冠。枣树成枝力弱，枝条较稀疏，不利光合产物的形成和积累，树冠形成时间长，前期产量上升缓慢，因而增加幼树期枝量是此期修剪的中心任务，栽植后要早定干，促使早发枝，对于骨干枝上萌发的1~2年生发育枝，据空间大小对二次枝短截，培养成中小结果枝组。

幼树修剪原则是轻剪为主，夏剪为主，增强树势，加速分枝，迅速形成结果能力强的枝组，逐年提高早期产量。在生长季，对于生长较旺的枝梢，根据株间大小，对新梢及时摘心，抑制生长，促使形成健壮枝。尽量少疏枝，要多留枝，促使树冠的形成。开花前对当年萌发的发育枝进行摘心，以促使花芽分化和开花结果。对于多余无用芽在萌芽后应及时抹除，对于生长过旺的植株和枝，在花期环割，以提高坐果率。

近年来，我们在梨枣幼龄树(1~5年生)的矮密栽培试验研究和生产实践中探索出配套的整形修剪技术，实现了3~4年生幼龄树快速成形，4~5年进入盛果期，并达到平均株产25千克，每666.7平方米产达2000~2500千克的高产目标。现将其关键技术环节和生产中应注意的问题总结如下，供参考。

1. 树形选择

据枣树独特的发枝习性，尤其1年生枣头枝生长势强、加粗生长快、易发二次枝等特点，结合梨枣品种树体矮化、树姿开张及幼龄枝结果性能强等性状，初步认为较适宜的树形为小冠疏层形或改良纺锤形。它们的共同特点是具有较明显的中央领导干；骨干枝打头短截(短截延长头，疏除剪口下第一个二次枝)后单轴延伸生长，是全树的主要结果单位，可看成大型结果枝组；定干高度较低，树冠体积小，树姿开张，树冠紧凑，主从分明；树体通风透光好，适应枣树喜光的特点；幼树扩冠速度快，易形成枝干稳定的树体结构。小冠疏层形的树体结构为：干高50~70厘米，中央领导干上错落分布具明显层次的6~8个骨干枝，第一层3~4个，基角70°~80°，层内距40~50厘米；第二层2个，开张角度60°~70°，层内距20厘米左右，与第一层层间距60~80厘米；第三层1~2个，开角50°~60°，与第二层层间距60厘米左右。下部骨干枝长度为1.5~2.0米，中上部依次减小，整个树冠呈下大上小的半圆锥形。改良纺锤形的树体结构为：干高60厘米左右，中央领导干上无明显层性地着生8~10个骨干枝后落头开心控制树体高度，形成近圆柱形的塔形结构。树体大小与栽植密度密切相关，一般原则是冠径小于株距，树高不超过行距。若采用2.5米×3.0米的株行距栽培，其冠径和树高应控制在2.0~2.5米和2.5~3.0米。

2. 定干技术

定干的目的是培养第一层主枝，我们的试验结果表明，所有的骨干枝均应从1年生枣头枝上自然萌生的二次枝中选取。这主要是由于二次枝的基角和方位适宜培养骨干枝，且有利于保持中干优势；而从整形带的二次枝基部主芽萌发的枣头枝生长直立，基角小，易劈裂，且易与中干延长头竞争生长，因此不宜培养骨干枝。生产中由于土壤气候条件、肥水管理水平、苗木质量及定植技术的不同应分别处理。在生长期长、肥水条件好的地区，一般是秋季栽植苗木，翌年春按正常高度定干，当年枣头生长量可达80~100厘米，且能长出4~6个二次枝，这样可正常培养第一层骨干枝。在气候冷凉干燥、立地条件差的地区，多在春季定植建园，由于缓苗期较长，当年生枣头生长量较小而无法培养骨干枝，常采取当年高定干、第二年春重新定干或第二年春直接定干的措施，但影响树体的快速成形。如苗木质量高，并带有二次枝，而且具有高肥水条件和精细管理时，可在定植当年春季正常定干，选用整形带内的二次枝留2~4个短截培养骨干枝。对先定植砧木后嫁接建园的树，可在嫁接当年苗高达80~100厘米时摘心促壮二次枝，翌年春在整形带内（50厘米以上）选二次枝短截培养第一层骨干枝。这种方法易整形、成形快、效果最好。特别提出的是，梨枣的定干高度比乔化稀植品种低，我们认为适宜的定干高度为30~50厘米，最终成形后的干高为50~70厘米（由于枣头枝基部有20厘米左右光秃带）。定干过低时，骨干枝结果后易下垂拖地，影响树下管理和枣果质量；定干过高时，枣头生长量小，不易快速成形，且推迟进入结果期。

3. 骨干枝培养技术

骨干枝的修剪按目的不同分为冬剪和夏剪2个时期。

（1）冬剪

主要任务是促进骨干枝快速延伸生长。对梨枣品种而言，一般培养中央干上的二次枝为骨干枝时，采取留2~4节短截，刺激二次枝主芽萌发枣头枝。试验结果表明，短截节数少时，萌发的枣头基角小、生长直立；节数多时，骨干枝结果后易下垂，且结果部位外移速度快。对骨干枝延长头采取打头短截修剪，可刺激剪口下第一个二次枝基部主芽萌发枣头延伸生长。修剪程度据枝势、着生部位等因素决定，一般留4~7个二次枝剪截。强枝轻剪，弱枝重剪；树冠上部轻剪，下部重剪。另外，也可对二次枝轻剪，促进枝系健壮。

（2）夏剪

主要目的是控制延长头生长，促壮二次枝，提高坐果率和枣果质量。一般在6月初至7月下旬均可施行，以6月中旬幼龄枝盛花期、延长头长出5~8个二次枝时效果最好。另外，应注意在中央干延长头剪口下的第二个二次枝短截后萌发的枣头枝生长直立，不宜培养骨干枝，一般不进行短截，可作为临时结果枝组处理。中央干延长头达到要求高度后，可在适宜二次枝处回缩，不打头，从而控制树体高度。

4. 摘心技术

梨枣品种的当年生枣头、2~3龄枝有极强的开花结实能力，无须采取措施即可转化成小型结果枝组。但为提高坐果率、增大果个和丰产稳产，摘心便成为主要的夏季修剪措施。一般来说，枣头生长期均可摘心，但主要以2~3龄枝的盛花期至坐果前效果最佳，摘除对象是直立生长、无生长空间的临时枝枣头；另外，还可对二次枝和枣吊摘心，但工作量大，很难施行，不过对培养骨干枝的延长头仅有枣吊长出时必须摘心，以刺激主芽萌发枣头。特别提出的是，通过摘心培养木质化枣吊是梨枣品种的主要修剪特性之一。其具体做法是，当枣头生长至15~20厘米、基部的第一个二次枝已明显可见时，从第一个二次枝处摘除枣头，促使下部隐芽萌发形成木质化枣吊。

5. 夏季疏枝和临时枝处理技术

夏季疏枝是保证树体通风透光和形成正常树形的重要措施。一般来说，利用二次枝培养骨干枝时，其基部主芽极易萌发枣头，应及时疏除，以保证二次枝剪口下第一个主芽萌发。另外，部分2～3龄枝的临时枝顶芽、内膛隐芽及摘心不彻底，常会萌发枣头，也要随时疏除或剪截。为充分利用梨枣2～3龄枝结果能力强的特性，幼树期在中心干上有生长空间的部位适当培养临时性、健壮的结果枝组，当结果2～3年后，且已妨碍骨干枝的生长结果时，应及时从基部一次性或逐年疏除。

（二）结果初期的枣树修剪

此期树冠尚未形成，树冠继续扩大，仍以营养生长为主，但产量逐年增加。这一时期修剪的目的是调节生长和结果的关系，使生长和结果兼顾，并逐渐转向以结果为主。此期修剪应以疏枝、回缩、短截和培养为主，按照"四留五不留"原则进行修剪。"四留"即外围的枣头要留；骨干枝上的枣头要留；健壮充实有发展前途的枣头要留；具有大量二次枝和枣股、结果能力强的枣头要留。"五不留"指下垂枝和衰弱枝不留；细弱的斜生枝和重叠枝不留；病虫枝和枯死枝不留；位置不当和不充实的徒长枝不留；轮生枝、交叉枝、并生枝及徒长枝不留。此期要继续培养各类结果枝组，在冠径没有达到最大之前，继续对骨干枝枣头短截，促发新枝，增加骨干枝的生长量，继续扩大树冠；当树冠已达到要求，对骨干枝的延长枝进行摘心，控制其延长生长，并适时开甲，实现全树结果。初果期还要继续培养大、中、小型种类结果枝组，搞好结果枝组在树冠内的合理配置。要及时进行开甲，使全树结果，做到生长结果两不误。

（三）盛果期的枣树修剪

盛果期树冠已经形成，以营养生长为主转向结果期，此期生长势减弱，枝组稳定，树冠基本稳定，结果能力达到最强。在这一阶段的后期，骨干枝先端逐渐弯曲下垂，内膛枝出现枯死，结果部位开始外移。修剪的任务是通风透光，更新枝组，集中树体营养，大力促进结果，以稳定产量，增强树势，提高果实品质。修剪宜采用疏缩结合的方式，打开光路，引光入膛，培养内膛枝，防止内部枝条枯死和结果部位外移，注意结果枝组的培养和更新，提高叶片的光合效能，延长结果年限。具体修剪方法如下。

1. 间伐

对株间临时性植株和高密度栽植光照条件恶化的枣园，要采取间伐的办法打开光路，才能保证结果良好。

2. 疏枝

随着结果负载量的增加和树龄的增长，主、侧枝和结果枝组先端下垂，再加上外围常萌生许多细小枝条，形成局部枝条过密，相互拥挤重叠，光照不良，导致枣树枝条大量死亡和衰亡。所以，在冬季或夏季修剪时，应及早疏除密大枝，保证大枝稀、小枝密，枝枝见光，内外结果，立体结果；对层间直立枝、交叉枝、重叠枝、枯死枝、徒长枝、细弱枝等，凡无位置、无利用价值者均应疏除，以打开层次，疏通光路，减少消耗。

3. 回缩

主干回缩防止上强下弱，结果外移，产量下降；有位置的交叉枝、直立枝、徒长枝等回缩培养结果枝组；主枝、枝组回缩更新复壮，培养新主枝、枝组，集中供给养分，促使所留枝健壮生长，保证旺盛结果能力。二次枝大量死亡，骨干枝出现光秃，枣吊细弱，产量下降的树体，要进行重回缩，利用潜伏芽寿命长的特点，促其萌发成枝，提高产量。

（四）衰老枣树修剪

老枣树随着树龄的增大，骨干枝逐渐回枯，树冠变小，生长明显变弱，枣头生长量小，枣吊短，结果能力显著下降。对这种老树需进行更新修剪，复壮树势。

①修剪衰老枣树要注意对焦梢、残缺少枝的骨干枝，回缩更新。

可采取先缩后养方法，更新程度要按有效枣股的数量多少，锯掉骨干枝总长度 1/2～2/3，促其后部萌生新枣头，培养成新的骨干枝；也可采取先养后缩的方法，即在衰老骨干枝的中部或后部进行刻伤，有计划地培养 1～2 个健壮的新生枣头，然后回缩老的骨干枝，达到更新的目的。

②要注意调整新生枣头。骨干枝更新后，往往萌生很多枣头，如不注意调整，树冠就会很快郁蔽，枝条丛生，光照不良，影响新生骨干枝枣头的延长生长，达不到预期的目的。因此，对新生枣头必须加以调整，去弱留强，去直立留平斜，防止延长性的枣头过多地消耗营养，扰乱树形。同时，用摘心、支、拉等方法开张主枝角度，尽快利用更新枣头形成新的树冠。

(五)放任枣树修剪

枣树放任树是指管理粗放，从不修剪或很少修剪而自然生长的枣树。老的枣产区这类树较多，大多树冠枝条紊乱，通风透光不良，骨干枝主侧不分，从属不明，先端下垂，内部光秃，结果部位外移，花多果少，产量低、品质差。

对放任树进行修剪，要坚持"因树修剪，随枝作形"的原则，不强求树形。主要任务是疏除过密枝，打开层间距，引光入膛。对于背上枝，如有空间，将其培养成结果枝组，否则把它疏除掉，增强骨干枝延长枝的生长势，使主侧枝从属分明。对于先端已下垂的骨干枝，要适当回缩，抬高枝头角度。对于病虫枝、细弱枝、枯死枝要及时疏除。

(六)枣树花期修剪技术

花期连阴雨，光照不足，光合作用制造的有机养分少，也易导致大量落果。通过修剪技术措施可改善树冠的通风透光条件，促进花芽分化，提高坐果率。枣树生长与花芽分化、开花结果的物候期重叠，通过合理修剪，还可调节生长与结果的矛盾，抑制枣头过多过长生长，从而减少树体过多的养分消耗，调节营养的流向，控制树体营养生长向生殖生长转化，就能提高花果发育质量，减少落花落果，提高坐果率。

休眠期修剪的主要任务是促进结果、提高产量、注意增强树势、继续扩大结果面积，为连年丰产打好基础。在修剪程度上，要依地区、土质、树势和品种而定，做到"疏截结合，强弱有别，分别对待，因树制宜"。

生长期修剪应作为一种重要的技术措施，调节营养分配，养分集中，加强二次枝和枣吊的发育，提高坐果率、促进果实发育、提高当年产量。具体调节方法如下。

1. 摘心

摘心包括一次枝、二次枝、枣吊三种方式。摘心抑制营养生长，改善了营养生长和生殖生长的关系，改善了光合产物的分配，使养分相对集中于结果部位，从而提高坐果率。对枣头一次枝摘心程度依枣头所处的空间大小和长势而定。摘心后枣头停止生长，减少了幼嫩枝叶进一步发生对养分的消耗，营养集中供给二次枝及枣吊生长。有利于花芽分化及提高开花质量，摘心处理能提高坐果率33%~45%。一次枝摘心后，二次枝生长明显加快，及时行二次枝摘心，能显著促进枣吊生长。早开花、早坐果、多坐果效果明显。枣吊摘心，又能明显促进开花坐果。

2. 抹芽

枣头及二次枝摘心后，在减缓营养生长的同时，也极大地刺激了一次枝、二次枝上主芽的萌发。如不及时抹除，任其生长会造成巨大营养消耗，严重落花落果。

3. 疏枝

对位置不当，影响通风透光，冬剪没有疏掉的枝条和春季萌发抽生的新生枝条(包括枣头枝和枣吊)都应及时疏除。

4. 拉枝

对生长直立的枣头，花前及花期用绳将其拉平，使其枝条分布均匀，冠内通风透光良好，拉枝会迅速减缓枝条营养生长，促进花芽分化，提早开花，提高坐果。

5. 开甲 (图7-5)

开甲即环剥, 或称环状剥皮、枷树等, 是促花坐果的有效措施。这一措施对促花坐果效果十分明显。通过环剥, 可暂时切断韧皮组织中养分运转通道。使叶片光合产物一时不能下运, 缓解地上部分生长和开花坐果间的养分竞争, 集中养分于树冠部分, 供给花及果, 从而满足开花坐果及幼果早期发育所需, 提高花果的营养条件, 达到开花好, 坐果好, 成熟早, 品质高的良好效果。

枣树开甲时间一般在6月中旬盛花期初期进行, 即全树大部分结果枝已开花5~8朵, 正值花质最好的"头蓬花"盛开之际。此时开甲坐果率高, 成熟时果实大小整齐, 色泽好, 含糖量高。环剥过早, 效果降低, 越早, 降低幅度越大。

幼树首次开甲部位选在距地面20厘米左右树皮光滑处进行, 第二年在离上年甲口上部5厘米处进行, 先在开甲部位绕树干1周将老树皮扒去, 形成1圈宽2厘米的浅沟, 深度以露出白色嫩皮(韧皮部)为度。再用刀在嫩皮处绕树干切2圈, 上面一圈使刀与树干垂直切入, 下面一圈使刀与树干成45°向上切入, 均深达木质部, 将上下切断的韧皮部剔出, 就形成上直下斜的甲口。甲口下方呈斜面, 目的是防止积水。

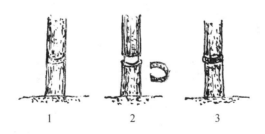

图7-5　主干开甲

1. 主干环切2圈　2. 取下韧皮部　3. 甲口愈合

甲口宽窄要根据树龄、树势和管理水平而定, 树大干粗的树甲口宜宽, 树小干细的树甲口要窄些。甲口太窄则愈合早, 起不到提高坐果率的作用。甲口太宽, 则愈合慢, 甚至不能愈合, 造成树势弱坐果率低，也达不到开甲的目的，严重时会导致死树。一般干径4~10厘米的幼树剥口宽0.3~0.5厘米，干径10厘米以上的为0.5~0.7厘米。

开甲要求深达木质部，又不伤及木质部，取出韧皮部。要求整个环剥口宽窄要一致，刀口要平滑，剥口不留残皮，不出毛茬，以利愈合。整圈甲口宽度要一致，要切断所有韧皮部，不留一丝。开甲后不要用手或工具触及甲口部位的形成层，要注意甲口的保护，3~5天后，在甲口喷涂2~3次杀虫剂防治虫蛀。如树势过旺，花期或幼果期还可进行二次环剥和多次环剥。环割也能达到提高坐果的目的。以后每年间隔5厘米向上进行，到主枝分叉处再回剥。幼树、弱树不宜开甲，否则越开越弱。

6. 疏花疏果

枣花量大，坐果多，也是引起落花落果的重要原因之一。通过疏花疏果，人工调整花果数量，减少养分消耗，集中养分供应，则能减少落花落果。疏花疏果措施，一般情况下，可提高坐果率1倍以上。疏果原则是按亩定产，以吊定果。定果时强调一果一吊，中庸树一果两吊，弱树一果三吊。也应根据实际管理水平和树体情况，果形大小等加以调节。通过调节合理的负载量，还有利于生产高质量的枣果。

第八章

枣树高接换种技术

在现有枣园的基础上改良品种直接高接换种，该方法建园可以速产速丰，有效利用现有资源，防止资源和时间的浪费，多用于枣园淘汰品种的更新换代。近年来，随着品种更新速度的加快，高接换种使用范围越来越广泛。

根据市场需求，调整优化品种结构，是实现枣树优质高效生产的基本要求。枣树是多年生树种，对旧有枣园的品种改造如果采取重新定植新品种幼苗，不仅经济损失大，而且费时费工，丰产期晚。为了迅速更换新品种，采用多头高接换种技术，是实现枣树良种化的有效途径。

高接换种树体可以迅速扩大树冠，成形快，丰产早。2～3年即可成形，达到和超过更新前的产量水平。高接换种的同时，可以构建合适的树形结构，消除结果部位外移，内堂光秃，充分利用树堂内部的光秃部位，插枝补空，大量生枝，增进结果面积，达到立体结果。高接换种的同时可以更新复壮树势，去除全部的老弱病枯枝条，形成新生枝条，达到更新目的，可以增强树势，增强结果能力和抵御病虫害能力。高接换种经济实用，既节约资源，又能快速产生经济效益，是枣树合理改造旧有品种的有效方法。高接换种技术简单易行，容易大范围推广使用，对于改变全国产枣老区现存的老化品种，实现枣树良种化，会发挥重要作用。

一、接前准备工作

(一)全面规划，具体安排

高接换种前要做好全面规划和具体安排。确定是逐年改换，分片高接，还是全园更新，一次高接到位。要确定所要淘汰的品种，选好适于本地区栽培的优良品种；要注意品种搭配及授粉树的配置。

(二)高接树的基本要求和修剪方法

枣树高接前树体骨架整形时，应合理地处理去留骨架的轻重程度。如果树体去除过重，树冠恢复慢，结果晚，伤口不易愈合；如果去除过轻，枝条发育弱，生长慢，内膛枝寿命短，易产生光秃现象，因此骨架去留程度要适当。同一株树，根据部位、枝类不同，去留程度要有轻有重，长短结合。

1. 因树作形，随枝高接，固定骨干，分清主从

高接时，要对原树体进行改造，但必须因树作形，随枝高接，不能强求树形，防止大锯大砍。对于中央干、主枝和侧枝要分清主从，以便对这些永久骨干枝进行有目的地培养。

2. 收缩辅养，去掉害枝，主枝长留，侧枝重截

永久骨干枝选定后，其余枝要进行处理，除必须去掉的害枝外，其他的均留作辅养，使其结果。去留枝要既能充分利用原有树体骨架，又能使所留枝嫁接后旺盛生长，形成新树冠。

3. 短留小枝，增加枝量，腹接补空，充实内膛

在主枝、侧枝、中央干上的小枝，除过密的疏除外，尽量保留进行高接，以增加枝量，增大结果部位。小枝一般留 8~10 厘米，尽量靠近主侧枝，以利于后续更新。还可进行腹接补空，充实内膛，达到体积结果，为高接树的丰产创造条件。

(三)接穗的采集与贮藏

在繁殖优良新品种苗木时，为了保证苗木品种纯正，母树必须具备品种纯正、丰产、稳产、优质的性状，无检疫对象的病虫害和自然灾害。选作接穗的枝条，必须生长充实，芽饱满。春季高接，

接穗一般在冬季修剪时进行准备。选择没有病虫、生长充实、芽饱满的 1 年生枣头一次枝作接穗，也可用 2 年生枝条或二次枝。生长期进行补接时，接穗最好随采随用，以免降低成活率。

二、嫁接过程

(一)嫁接时期

一般在枣树发芽初期 10～15 天以内进行较好，华北地区一般在 4 月中下旬。此时嫁接，接穗萌芽快，嫁接成活率高。

(二)嫁接方法

嫁接方法一般采取皮下接、改良劈接法和腹接。改接枝条粗度大于 1 厘米时，采用皮下接，由于高接树的主枝粗度大多远远超过 1 厘米，因而，皮下接是高接换种的主要嫁接方法。枝条小于 1 厘米时，则较适合于采用改良劈接法。按照要求采用适当方法，均能达到接口愈合得好且快、成活率较高的目的。

腹接和改良劈接法按照良种苗木繁育嫁接方法进行即可。皮下接是由于所选砧木较粗，皮层粗糙，有的产生翘皮。为了保证绑缚接口时能够绑严，需要选择枝条较平滑部位嫁接，同时轻轻刮平翘皮。为了接后好愈合，插接穗时，尽量不要撕裂树皮。

(三)嫁接工具

目前，高接换种嫁接所需工具较为简单。手锯用于锯较粗的砧木，也可用一般的锯来代替；剪枝剪用于剪接穗和较细的枝条；嫁接绑缚接口用塑料膜；树体高处嫁接时要使用梯子或高凳。

三、接后管理

(一)解除包扎物

各种嫁接方法，均须用塑料条绑缚包严，塑料条在不影响接穗及砧木生长时，可以不必解除，这样既有利于伤口愈合，又可防止害虫进入蛀食危害。接穗成活后，旺盛生长，绑条影响砧木和接穗加粗时，应及时解除。如果包扎物解除不及时，会因高接枝迅速生长加粗而勒出缢痕，影响发育和枝条的牢固性，遇大风容易折断。

（二）捆绑

高接后抽生的枣头生长很旺盛，而接口的愈合组织又很幼嫩，新梢极易被风吹折或发生机械损伤。因此，在新梢生长到 10～20 厘米时，须绑一竹竿或木棍，竹竿或木棍下部一定要绑牢在原树体上，不能松动，上部绑高接新梢时要松，以免影响枝梢发育。冬季修剪时就可以把支柱去掉。

（三）除萌蘖

枣树高接后地上与地下部分的平衡受到很大破坏，高接当年不仅高接枝生长旺盛，还会使原母体上萌发出很多萌蘖，萌蘖应及时去除，避免浪费养分、影响高接枝的生长和成活。因此，要经常检查，连续抹除萌蘖。

（四）水肥管理

高接树各个伤口的愈合、新梢的旺盛生长、花芽的形成及结果，都很需要水分和养分。如果水肥不足，管理粗放，会影响树冠的形成和结果。水肥管理到位，当年就能形成良好树冠，第二年大量结果。高接成活后，枣头迅速生长时，及时追施肥料、及时灌水，促进枣头健壮生长。要特别注意，高接后一个月内应避免干旱，注意秋季施入有机肥。

（五）病虫害的防治

高接树当年伤口未完全愈合，愈合组织幼嫩，应特别加强对病虫害的防治工作。切口、接口、新梢和叶片，均应重点观察、防治。刮除接口翘皮。

四、高接后修剪方法

枣树高接后对于高接树冠的合理调整和对高接枝的正确修剪，可以使高接树冠迅速扩大，并能提早结果，连年丰产。

（一）高接树当年的夏季修剪

枣树高接当年进行夏季修剪是很重要的，有利于形成良好树形。

根据枣头生长方向和位置，适时摘心，调整角度，增加粗度，促进结果。

（二）高接树当年的冬季修剪

枣树高接当年的冬季修剪主要以轻剪少疏为原则。对于主、侧枝头，选方位好的、生长强壮的作为骨干枝的延长枝，从饱满芽处剪截。对同一枝头的其他高接枝，应控制它的生长，为延长枝生长让路，促其早结果，以果压枝。

（三）高接树第二年的冬季修剪

凡属骨干枝的延长枝均正常修剪，继续扩大树冠。有空间时先端延长枝继续打头，无空间时，可不剪留作结果，以后各年逐步转入正常修剪。

第九章

枣树冷棚设施栽培技术

冷棚是以水泥柱、竹木或钢管等材料为支撑，无保温土墙，无棉被或草帘等保温材料，仅在棚体上部和侧面覆盖单层或双层棚膜，并配备通风口的大棚。

一、品种选择

选择适宜当地气候土壤条件，树体紧凑矮化、早实丰产、品质优异等综合性状优良的鲜食品种。为满足市场对多样化优质鲜枣的需求，合理搭配不同成熟期的品种。山西省除南部地区(年平均温度12℃以上)可选择早中晚熟品种外，其他地区应以早熟和中早熟品种为主，品种应具有地方地域特色。

二、建园

选择地势平坦、避风、光照良好、土层深厚、壤土或沙壤土、中等肥力以上、具灌溉条件、交通便利、无污染的地块建园。

新建枣园采用嫁接苗定植建园模式。栽植密度为株距1.0~1.5米、行距2.5~3.0米，每667平方米栽140~260株。也可采用宽窄行栽植方式，株距1.0~1.5米，窄行距1.5~1.8米，宽行距3.0米。高密度枣园采用沿行挖沟定植。可同时建棚，也可定植2~3年进入结果期后建棚。

对原有的露地枣园，先采取回缩、短截、疏枝等树体改造措施降低树高，然后建棚；如需进行品种改良，采用高接换优途径建园。

三、扣棚和温湿度管理

根据不同气候环境条件确定扣棚时间，当地温开始回升、最低气温稳定通过－3℃以上、土壤已基本解冻时开始扣棚。山西省南部、中部和北部扣棚时间分别为2月中旬、3月上旬和3月下旬。为防止春季出现倒春寒现象，扣棚时间可推迟10天左右。

山西南部等春季温度较高地区在扣棚前1周左右或秋季落叶后灌足水；中、北部寒冷地区须在枣树秋季落叶后，施入基肥，灌足水，并在树盘或行间铺设黑地膜或地布。

扣棚1周内为适应期，上下通风口全部关闭，然后采用顶部昼开夜闭逐步升温至适宜温度，通过通风口的大小和通风时间的长短调控，昼温控制在20℃左右，夜温4~6℃。扣棚后至萌芽期以顶部通风为主，一般不通边风。当外界气温升至4~5℃时，白天可逐渐扩大边风的通风口。花期当外界夜间最低温超过10℃后，可逐步加大夜间的通风口。当外界气温达到所需气温条件时，通风口即可全开，保持自然温湿度环境。中部和北部地区，花期和幼果期（第一次生理落果期）气温波动较大，为防止落果，应保持夜间全覆盖，使棚内温度不低于15℃。扣棚后至果实成熟期不同发育阶段温湿度调控范围见表9-1。

表9-1　不同物候期棚内温湿度调控范围

物候期	扣棚后天数（天）	昼温（℃）	夜温（℃）	湿度（%）
萌芽期前	≤30	20~25	5~7	80
萌芽期至花蕾期	30~60	25~30	8~13	70~80
花期至幼果期	60~100	25~35	15~20	80~90
幼果膨大期至脆熟期	>100	自然温度	自然温度	30~40

四、整形修剪

（一）树形选择与培养

根据建园模式和栽植密度等选择适宜的树形。新建高度密植枣园采用主干形；新建中度密植、树体改造和高接换优枣园采用开心形树形。

1. 主干形

树形结构：主干高 40 厘米左右，树高 1.8 米左右，全树着生二次枝 15~20 个，无骨干枝。

树形培养：定植当年自然生长不修剪。次年萌芽前主干留 30 厘米短截，留 1 个饱满芽培养强旺枣头，其余萌芽全部抹除，主干长至 1.8 米左右或二次枝数量达到 10~12 个时进行摘心。第三年抹除全部枣头萌芽。第四年在最顶端二次枝 1~2 节处留 1 个枣头作为中央领导干，长至 5~6 个二次枝后摘心。随后每年抹除全部新生枣头萌芽。当持续丰产后产量开始下降 20%~30% 时进行树体更新。可采取一次性更新或轮替更新。树体更新从主干基部以上 30 厘米左右重截，重新培养树形，可采用隔行或隔株轮替更新。

2. 开心形

树形结构：主干高 40~60 厘米，树高 1.8 米左右，着生 4 个左右的骨干枝，长 1.5 米左右，每个骨干枝着生二次枝 10 个左右，开角 50°左右向行间或四周伸展，无中央领导干，树体呈开心形。

树形培养：定植当年自然生长不修剪。次年干高 30 厘米处短截，培养 1 个新生枣头作为中央领导干，等长至 1 米以上或 8~10 个二次枝时摘心。第三年选 3~5 个方位好的健壮二次枝留 2~3 节短截培养骨干枝，长至 8~10 个二次枝时摘心，并对中央领导干摘心封顶控制生长。第四年萌芽至开花前对骨干枝进行拉枝，基角开角 40°~60°。疏除背上、背下枝和骨干枝上所有新生枣头。根据每个骨干枝的结果情况（结果能力下降 20%~30%）进行整枝更新，一般轮替更新，骨干枝更新方法是在其基部选留培养枣头枝，当年保持自然生长，次年采取拉枝等措施培养新骨干枝时使用。

（二）保花保果措施

1. 拉枝

萌芽前至花期前，对直立、开张角度小的骨干枝进行拉枝，拉枝后基角保持 40°~60°、各方向上枝条分布均匀、填补生长空间即可。对下垂枝和结果后压弯的枝，向上抬高角度。

2. 摘心

盛花期至幼果期进行二次枝摘心和枣吊摘心。根据方位和空间大小，二次枝留 5~8 节进行摘心。对花量大（每花序花朵数 >5 朵）、枣吊长（枣吊长度 >20 厘米）、叶片多（枣吊叶片数 >15 片）的枣吊留 10~12 片叶摘心。木质化枣吊留 15 片叶左右摘心。

3. 抹芽和疏枝

萌芽期至幼果期进行。除骨干枝延长头外，疏除全部新枣头和骨干枝上的背上枝、下垂枝、过密枝、病虫枝等。盛果期树每枣股留枣吊 2~3 个，其余全部疏除。及时抹除多余的新萌发的枣头和枣吊。

4. 环剥和环割

花期进行环剥或环割，可单独使用或并用。对树龄 5 年以上、树势枝势强旺、坐果率低、肥水条件好的树体进行环剥或环割处理。环剥在骨干枝基部、留 1~2 个二次枝的光滑处进行。剥口宽度为粗度的 1/10，一般 0.5 厘米左右。对 5 年以下的幼龄树、3 年以下的幼龄枝、容易坐果的枣树只需环割处理。根据实际情况可环割 1 次或多次，直至坐果稳定为止。环剥 5~7 天后检查剥口，及时喷涂防枣黏虫或灰暗斑螟等害虫的药剂。环剥 20 天左右检查剥口，愈合时间为 45 天左右。环剥和环割时全树留 1~2 个的辅养枝或骨干枝处理。

5. 花喷施植物生长调节剂和叶面追肥

花开 30% 左右（或枣吊开 3~4 朵花时）时叶面喷施 10~20 毫克/千克，赤霉素和 0.3%~0.5% 磷酸二氢钾。花开 70% 左右时，开甲后再喷 20 毫克/千克赤霉素加 4000~5000 倍芸苔素内酯。如树势强，再加上 1500 倍苄氨基嘌呤和 0.3% 有机螯合硼。

6. 喷水

花期棚内温度高于 35℃、湿度低于 60% 时，在傍晚全园进行喷水，为防止水冲花粉，要求喷枪雾化好、压力小。干旱时每隔 1~2 天喷水 1 次。

五、土肥水管理

(一)土壤管理

秋季结合施肥深翻 30 厘米左右。浇水后及时中耕除草，深度 5~10 厘米。生长期随时铲除根蘖苗。冬灌后沿树行方向起垄，垄高 10~15 厘米，垄宽 100~120 厘米，垄上用地膜或地布覆盖。

(二)水分管理

一般浇水 4 次：冬灌、扣棚前浇水(气温较高地区)、幼果期水、二次膨大水(硬核期后)，每 667 平方米灌水量 20~35 立方米，土壤水分以达到田间最大持水量的 65%~70% 为宜。幼果期及时补水，有条件时采用滴灌补水，同时铺设地膜或地布保水。白熟期后棚内要控水，但干旱时需及时补水。

(三)施肥管理

秋季果实采收后每 667 平方米施完全腐熟的农家肥 3~5 立方米和纯氮 16.0~20.0 千克、五氧化二磷 24.0~30.0 千克、氧化钾 8.0~10.0 千克的复合肥。萌芽至花蕾期每 667 平方米追施水溶性复合肥 10~12 千克(折合氮 1.0~1.2 千克、五氧化二磷 5.2~6.2 千克、氧化钾 1.0~1.2 千克)。幼果至膨大期以氮磷钾同等含量的复合肥为主，每 667 平方米施入氮、五氧化二磷、氧化钾量均为 6.8~8.4 千克，追施含有钙、铁、锌、镁、硫等微肥的黄腐酸和海藻酸 20~30 千克。二次膨大期后要控氮控水，通过滴灌或施肥枪注肥，每 667 平方米施入氮 3.9~5.2 千克、五氧化二磷 2.1~2.8 千克、氧化钾 12.0~16.0 千克。

六、裂果和病虫害防控

(一)裂果防控

白熟期后，根据天气预报，在降雨前及时关闭上部通风口，雨后空气干爽后再打开通风。

（二）病虫害防治

采用"预防为主、综合防治"的方针，以物理防治和生物防治为主。萌芽前喷洒毒死蜱 800 倍加辛菌胺醋酸盐 500 倍，进行清园杀菌。生长期重点做好锈病、疮痂病、红蜘蛛、绿盲蝽等病虫害防治工作。做好温湿度调控管理，通过通风、喷水或棚膜上覆盖遮阳网等措施降温，严防霉花和日灼病。

七、采收管理

长距离运输或短期贮存的鲜枣在着色 30% 左右时采收，现采现售的在着色 50% 左右时采收。应分批采收。一天中的采摘时间宜选在 10：00 前。

将鲜枣置于泡沫箱或有内衬膜的周转箱。若临时贮存（1 周内），应置 8~10℃冷藏条件下预冷备用。若长期保鲜，可置于 −1.5~0℃冷库条件下贮存。

第十章

枣树病虫害综合防治技术

近年来，枣树病虫害的发生有不断加剧的趋势，尤其萌芽开花期的虫害和果实成熟期的病害，对枣树的产量和果实品质产生了很大的不利影响，某些年份甚至导致完全绝收。枣步曲、枣飞象、绿盲蝽等虫害，缩果病、褐斑病等病害，裂果等生理病害，以及冻害等自然灾害，均在不同程度上危害枣树生产。因此，病虫害、生理病害以及自然灾害的防治显得越来越重要，必须引起足够重视。

病虫害的防治应做好预测预报，以防为主，防治兼施，提倡采用生物防治，化学防治时则要用低毒、易分解的药剂，尽量早用、少用，成熟前 1 个月内禁用。

一、主要虫害及防治

（一）枣步曲

枣步曲又名枣尺蠖、枣尺蛾、弯腰虫、顶门吃等。普遍发生于我国枣产区，北方枣区受害最严重，是枣树上主要的害虫之一。

1. 生活习性及危害症状

枣树发芽后，幼虫孵化出来危害枣芽、花蕾及叶片，随着虫龄增长，食量也增大，严重时，能将叶片全部吃光，影响枣树的正常生长和开花结果。

枣步曲在我国各枣区均一年发生 1 代，极少数个体两年发生 1 代，均以蛹在树冠下 10～20 厘米深的土壤中越冬。在山西太谷地区，翌年 3 月下旬至 4 月上旬羽化成虫开始出土。4 月中下旬为羽化盛期，5月上中旬为羽化末期。成虫多在下午羽化，雄虫爬到树干阴面或地面杂草上静伏，雌虫则先在地表潜伏，傍晚后大批爬上树干。羽化后当天夜间即可交尾，交配后第二三天为产卵高峰。卵成块产于嫩芽、主干粗皮缝、树干基部土缝下。每雌产卵 250～1250 粒不等，卵期 14～30 天，5月上中旬为孵化盛期。5月下旬至6月中旬幼虫老熟后入土化蛹越夏、越冬。幼虫遇风受惊或受震后有吐丝下垂、随风飘荡的习性，借风力向四周扩散。幼虫3龄后，食量很大，5龄幼虫取食量为其全部取食量的80%以上。

2. 主要防治措施

①秋季和早春在成虫开始羽化前，翻耕枣树行间，挖越冬蛹，集中消灭。

②山西太谷地区推广使用了"绑、堆、挖、撒、涂"五道防线，具有良好效果。即3月上旬，成虫出土前，在树干距地面起刮去老皮后紧绑一圈10厘米高的塑料薄膜，用图钉或鞋钉钉好接口，下端缩紧压实，或用宽塑料胶带缠两圈，下部外围堆细土或细沙呈锥形，上面压住绑带半寸左右，在基部外围挖3寸深、3寸宽的环状沟，内撒毒土(敌百虫粉1份，细潮土10份混合)，每株500克。在地面卵块即将孵化前，在薄膜上边缘涂一圈黏虫药膏(由黄油10份、机油5份和2.5%溴氰菊酯1份混配)可全部黏杀要上树幼虫。

③3月上旬，在塑膜带下部绑一圈，或在土堆地面插草绳或稻草捆、玉米芯等，引诱雌蛾在草缝隙内集中产卵，至卵接近孵化期前，将草绳或稻草解下烧掉或深埋。

④幼虫为害时选用药剂防治，越早效果越好，最迟要在3龄前将幼虫消灭。喷75%的辛硫磷1500倍液、40%的久效磷100倍液、2.5%的溴氰菊酯3000～4000倍液均可有效防治。

⑤幼虫发生后，利用其假死性敲树震落，及时消灭。

⑥利用青虫菌、苏云金杆菌、杀螟杆菌和天敌。

(二)食芽象甲

食芽象甲属鞘翅目象甲科，又名食芽象鼻虫、枣芽象甲、枣飞象、太谷月象、小灰象甲等。分布于山西、河南、陕西、山东、河北、辽宁、江苏等地，是枣树上出现最早的重要的叶芽害虫之一。

1. 生活习性及危害症状

以成虫危害枣树嫩芽、幼叶，严重时将全树嫩芽吃光，导致枣树二次发芽，严重影响树势和产量。该成虫深灰或褐色，头黑色，触角和足红褐色。幼虫无足，头部淡褐色，胴部乳白色，略弯曲。该虫一年发生 1 代，以幼虫在地下 5~30 厘米土中越冬，3~4 月幼虫上升至 5~10 厘米处化蛹，4 月下旬羽化，至 5 月初为羽化盛期，危害最严重，是树上防治的关键时期。以成虫取食，先将幼虫或嫩芽吃成缺刻，进而吃光，导致第二次萌芽。成虫有假死性，5 月中下旬为产卵盛期，卵产于嫩芽、叶腋及皮缝中，幼虫从 5 月上旬开始孵化后，落地入土生活，进一步危害植物地下部分。9 月以后在湿土层越冬。

2. 主要防治措施

①利用成虫受惊坠落后假死的习性，于早上日出前和傍晚日落后，在树冠铺塑料布或喷施杀虫粉剂(1.5% 硫磷粉剂或 2% 辛硫磷粉剂)，每日或隔日震落成虫 2~3 次，集中消灭毒杀。

②在成虫出土前，从树干基部向上用塑料薄膜紧绑一圈，薄膜上部向下外反卷，下部埋入土中，在环状沟内撒药杀虫，或在膜中部绑毒草绳，阻杀止枣芽象甲上树。

③春季成虫出土前在地下喷 50% 辛硫磷乳剂 300 倍液。成虫盛发期，树上喷 2.5% 溴氰菊酯乳油 8000 倍液，或 20% 杀灭菊酯乳油 8000 倍液，50% 马拉硫磷乳油 1000 倍液，或 50% 辛硫磷乳油 1000~1500 倍液。

（三）盲蝽象

危害枣树的主要盲蝽象包括绿盲蝽象、牧草盲蝽、茶翅盲蝽等种类。它们危害多种果树和农作物，寄主广泛、食性杂，近年来对枣树的危害越来越严重，在山西、山东、河南、河北等枣产区均有发生。

1. 生活习性及危害症状

成虫和若虫刺吸枣树的幼芽、嫩叶、枣吊、花蕾和果实。被害叶芽先呈现失绿斑点，随着叶片的伸展，小点逐渐变为不规则的孔洞，俗称"破叶疯""破头疯"；枣吊受害则呈弯曲状，俗称"烫发病"；花蕾受害后停止发育而枯死脱落，受害严重的枣树花蕾几乎全部脱落。幼果受害后，有的出现黑色坏死斑，有的出现隆起的小疤，其果肉组织坏死，大部分受害果脱落，严重影响枣果的产量和质量，甚至绝收。

绿盲蝽象成虫体长约 5 毫米，绿色。卵长约 1 毫米，长形，稍弯曲，黄绿色。若虫体绿色，有黑色细毛，翅芽端部黑色。一年发生 4~5 代，以卵在枣芽鳞片内、苜蓿、蚕豆、豌豆、杂草等的枝梢内及其附近的浅层土壤中越冬。3~4 月，平均气温达 10℃ 以上，相对湿度达 70% 左右时，越冬卵开始孵化。该虫第一代发生盛期在 5 月上旬，危害枣芽；第二代发生盛期 6 月中旬，危害枣花及幼果，是危害枣树最严重的 1 代；第三、第四、第五代发生时期分别为 7 月中旬、8 月中旬和 9 月中旬。该虫世代重叠现象严重，主要危害豆类、玉米等作物。成虫寿命 30~40 天，飞翔力较强。常白天潜伏，不易发现。多在清晨和夜晚爬到叶、芽上取食危害，受惊后爬行迅速。

盲蝽象越冬卵的孵化对环境条件要求严格。气温在 20~30℃，相对湿度达 65% 以上时，越冬卵大量孵化。气温在 23~30℃，相对湿度 80%~90% 时，最适于牧草盲蝽的发生，而高温低湿则不利于其发生，通常春季降雨或灌溉后会造成越冬卵大量孵化。由于盲蝽象成虫白天潜伏于翘树皮、牙鞘鳞片或土壤内，多以在夜晚和清晨取食危害，受惊后迅速迁移；同时因其个体较小，体色与叶色一致，不容易被发现，等到发现叶、芽等有危害时，盲蝽象已长成成虫，飞翔能力极强，此时已错过喷药时机，防治非常困难。

2. 主要防治措施

①彻底清除杂草及干枯树枝，刮除树干及枝杈处的粗皮，剪除

树上病残枝、枯枝并集中销毁，以减少越冬卵量。

②合理选择绿肥植物种类，并加强管理，防止滋生病虫害。

③在成虫若虫发生期集中统一用药，喷药时间宜选在傍晚日落后或清晨日出前进行，在春季气温稳定在10℃以上时，及时对枣园内及附近农作物喷药，防治初孵第一代若虫；之后在枣树萌芽期结合其他枣树害虫防治进行喷药，这两次用药是全年防治的关键，以后各代视发生情况进行防治。注意内吸性与触杀性农药配合或交替使用。可喷洒90%万灵粉剂3000倍加30%吡虫啉微乳剂5000倍液，或加2.5%功夫3000倍液。也可使用敌杀死1500液、20%氯氰菊酯、25%灭幼脲3号1500倍液等药剂。着重喷树干、地面、地上杂草及行间作物，做到树上树下喷严、喷全。

（四）枣黏虫

枣黏虫又名枣实菜蛾、枣小蛾，枣镰翅小卷蛾、黏叶虫，俗称卷叶虫、包叶虫。分布广泛，是枣树上重要的害虫之一。

1. 生活习性及危害症状

以幼虫为害枣树的芽、叶、蕾、花和果实。常将两片或数片叶子吐丝缀连一起或将叶片正面纵卷成饺子状，幼虫潜藏其中，取食叶片，还可将叶片与果实黏贴在一起，由果柄蛀入果内，食取果肉，造成大量落果，严重影响树势和产量。造成枣花枯死，果实未熟先落，叶片吃光，削弱树势，造成减产。在山西、河北、山东及华北一年发生3代，在河南、江苏发生4代，在浙江发生5代。以蛹在树干老皮缝及树洞中结茧越冬。在山西越冬成虫3月中下旬开始羽化，4月中旬为羽化盛期，5月上旬为末期。成虫白天潜伏在枣叶背面或在树下低矮的作物或杂草上，黎明和傍晚活动，性诱能力强，趋黑光灯强，但趋化性差。卵多产于1~2年生枝条、枣股和叶片上。5月上旬第一代幼虫孵化，5月下旬至6月上旬，幼虫逐渐老熟，在卷叶内化蛹。第一代成虫在6月上旬羽化。第二代幼虫在6月下旬出现，主要危害花蕾、花和幼果，造成大量幼果脱落。第二代成虫在7月下旬羽化，产卵于枣叶背面。第三代幼虫在8月下旬孵化，危害叶片、果皮和果肉，造成落果。9月下旬幼虫老熟，钻到树干或主枝粗皮缝中结茧越冬。

2. 主要防治措施

①冬闲早春彻底刮除树干主枝粗皮、堵树洞，刮下的树皮集中烧掉或深埋，可消灭80%~90%的越冬蛹。

②生长季夜间利用黑光灯、糖醋液或性诱剂诱杀成虫。

③9月上旬在树体主干上束草诱集第三代老熟幼虫入草化蛹，在第二年成虫羽化前解下集中烧毁。这不仅可代替每年刮树皮的繁重劳动，而且诱杀效果好。

④幼虫发生期可喷施生物农药青虫菌、杀螟杆菌或7216等200倍液，防治效果可达70%~90%。

⑤化学防治以第一代成虫为重点，发芽初、盛期是喷药的关键时期。萌芽期第一次用药，5月中下旬第二次用药，如果需要，6月下旬可第三次用药防治第二代幼虫。常用药剂有2.5%溴氰菊酯3000倍液、75%辛硫磷乳剂2000倍液、20%杀灭菊酯乳油8000倍液等。

(五) 桃小食心虫

桃小食心虫也叫枣桃小、枣蛆。

1. 生活习性及危害症状

幼虫危害枣果，在果内绕核串食，虫粪留在果内，形成所谓的"豆沙馅"，发生严重时，造成大量落果，严重影响枣树产量和枣果品质，甚至果实不堪食用，是北方枣区主要的果实害虫之一。严重发生时虫果达90%。

桃小食心虫一般一年发生1代，部分个体发生2代。以老熟幼虫在近树干1米之内、树冠下部深3~10厘米的土层中作茧越冬，越冬茧在枣树根颈处分布最多。6月中下旬至8月上旬，越冬幼虫开始出土做茧化蛹，出土期长达2个月，出土盛期在7月上中旬。幼虫出土早晚与降雨有关，天旱年份出土较晚，数量少，如果在6~7月连续降雨，雨后则出现一个出土高峰。越冬幼虫出土后在地面爬行，多在背阳面的土缝、石缝、杂草等处结一麦粒似的夏茧化蛹，蛹期8~12天。7月上旬再羽化成虫，7月中下旬至8月上旬是成虫发生盛期，成虫寿命3~4天，白天潜伏，夜间飞翔交尾产卵，卵期7~8天，多产于叶背面叶脉基部、果实梗洼或果面伤痕处。幼虫卵孵后，在果面爬行时间不长便开始蛀果，幼虫蛀果后在果肉中串食，渐深向枣核，幼虫粪便积于枣果内，果被害后提前变红，易脱落。幼虫在果内生活约17天，老熟后多在近果顶处咬一圆孔脱出果外，幼虫脱果期从8月中旬至9月中旬，脱果早的幼虫在地面作夏茧化蛹，羽化后交尾产卵，发生第二代幼虫，继续蛀果危害，中晚期脱果的幼虫做茧越冬。第二代幼虫脱果盛期在9月中下旬，脱出后入地作冬茧越冬。

2. 主要防治措施

①土地解冻后到幼虫出土前，在树干根茎附近挖土过筛，拣拾虫茧，尤其注意根茎部和树皮缝隙下隐藏的虫茧，集中消灭。也可以在晚秋幼虫脱果入土做茧后，土壤结冻前，翻耕距树干约50厘米，深10厘米的表土，撒于地表，并把贴根茎上的虫茧一起铲下，使虫茧暴露于地表，使其经风吹冷冻死亡。此法可使虫茧死亡率高达90%以上。

②7月中下旬后，每隔2~3天拣拾一次落果，或轻摇树体，使虫果脱落，集中堆沤、煮熟或做饲料，此法可消灭果内幼虫。

③4月中下旬幼虫出土前和7月中旬蛀果老熟幼虫脱地前，地面喷洒辛硫磷乳液700倍液，或5%西维因粉剂毒杀出土成虫和落地幼虫。或于7月上中旬用诱捕器诱到第一头雄蛾时，即为幼虫出土盛期，每亩换用25%辛硫磷微胶囊0.5千克，加水5倍和300倍细土，混制成毒土撒施，施后轻轻耙磨，延长药效时间。山西太谷地区，一般7月下旬至8月上中旬为树上喷药最佳时期。可喷2.5%溴氰菊酯2000~3000倍液，20%灭扫利3000倍液，25%灭幼脲3号悬浮剂1000~2000倍液，50%辛脲乳油1500~2000倍液，50%马拉硫磷乳油1000倍液，50%辛硫磷乳油1000~1500倍液等，均有良好防治效

果。连续用药2~3次，每次间隔8~10天。

二、主要病害及防治

(一)枣缩果病

枣缩果病也称干腰缩果病、铁皮病、雾焯、雾操、雾燎头、黑腐病、铁焦、黑腰子、干腰子等。近年来，该病是枣树上发生的一种主要果实病害，在各主产区均有大面积发生，已成为危害枣果质量的一个主要病害。该病在果实白熟期开始表现症状，初期在果肩部或腰部果实表面出现淡黄色水渍状斑块或黄褐色病斑，边缘模糊，犹如铁锈色，随之病斑扩大，后期病斑呈暗红色，失去光泽，大量脱水，组织萎缩，果肉变褐，呈海绵状坏死，味苦，完全失去食用价值。病果极易脱落。

1. 发病规律及危害

病原在落叶、落果、枣吊、枣股及其他枝条、树皮等部位越冬。6月下旬至7月上旬侵染果实，一般在8月中下旬果实白熟期开始发病，8月下旬至9月上中旬进入发病盛期。不同年份，发病高峰出现早晚不同，发病轻重也有很大差异，不同地区、不同枣品种染病程度也不一样。该病的发生程度与气候条件变化有密切关系，高温、高湿、大雾、阴雨连绵或夜雨昼晴等天气有利于该病流行。也可通过枣桃小、蟓象、叶蝉、介壳虫、叶螨等害虫四处传播。一般年份病果率在10%~50%，严重率达90%以上，阴雨连绵天气，易暴发成灾，导致绝收。同时也侵染枣叶、枣花、枣吊，但不表现症状。

2. 主要防治措施

①如果果实成熟期雨多湿度大，极可能该病要大发生，因此要及早防治。

②早春清园：清除落果、落叶、落吊、枣枝和树皮；早春刮树皮，集中烧毁，减少菌源。

③药剂防治：萌芽前喷3~5波美度石硫合剂；6月中下旬(末花期)开始喷药，此后每隔10~15天喷一次杀菌剂至采收前半月。

(二)枣锈病

1. 发病规律及危害

枣锈病为枣树重要的流行性病害，常在枣果实膨大期引起大量落叶，枣果皱缩，果肉含糖量大减，枣果多数失去食用价值。重灾年份甚至绝收。病株早期落叶后出现二次发芽，又导致翌年减产。夏季高温多雨年份常大流行，病症在叶片上发生，初在叶背散生淡绿色小点，后渐凸起呈暗黄褐色，后呈花叶状，失去光泽，干枯脱落。主要以落叶上的夏孢子越冬，这是翌年最重要的初侵染源；枣股中的菌丝也可越冬，它也是翌年初侵染源。每年发病时期的早晚与发病程度，与当年的大气温湿度关系极大。降雨早、连阴天多、空气湿度大时发病早且重，反之则轻，树下间作高秆作物、通风不良的枣园发病早而重，发病先从树冠下部、中部开始，逐渐向冠顶扩展。

2. 主要防治措施

①6月上旬至7月下旬，在枣园内用载玻片涂甘油或凡士林，每两片为一组，涂上甘油或凡士林的面向外，以绳固定，悬挂于枣林间，每5天观察1次，根据孢子形态及捕捉数，确定枣锈病发生期及发生量，指导防治。

②修剪过密枝条保证通风透光，增强树势，雨季及时排水，降低枣园湿度，防止过于潮湿。冬季清洁枣园，扫除落叶，集中烧毁，消灭菌源。枣树行间不间种高秆作物。

③枣树根外追肥具有提高光合作用和坐果率的功效，还可防治枣锈病。在枣树感病期，可喷布0.5%尿素液或0.3%磷酸二氢钾溶液2~3次。

④发病严重枣园，于7月上旬开始在树上喷布200~300倍波尔多液(硫酸铜1份，生石灰2~3份，水200~300份)或锌铜波尔多液(硫酸铜0.5~0.6份、硫酸锌0.4~0.5份、生石灰2~3份、水200~300份)；或50%多菌灵、退菌特500~800倍液；80%大生M－45可湿粉800倍液。喷药时间应掌握在枣锈病即将发生或发病的初期

为宜。每隔 10~15 天喷一次，如天气干旱，可适当减少喷药次数或不喷；如果雨水较多，应增加喷药次数。各种药剂交替使用。

(三) 枣疯病

1. 发病规律及危害

枣疯病又名丛枝病、扫帚病、火龙病，是一种毁灭性病害。病树枝、叶、花、根部不能正常生长发育，形成枝叶丛生的现象，直至全树死亡。可通过种子、嫁接、根蘗或扦插等方法繁殖进行传播。拟菱纹叶蝉、橙带拟菱纹叶蝉、红小闪叶蝉等昆虫也可传播。一般先是局部枝条发病，后逐渐扩展到全树。在一株树上，上部枝条一般先发病，也有全树同时发病的，当年生枣头和当年生根蘗苗症状表现最明显，树体衰弱、杂草丛生、结果过量、土壤干旱瘠薄及管理粗放的枣园易感染发病。综合管理水平较高的枣园，发病率低。嫁接后潜育期最短 25~31 天，最长 382 天，潜育期长短和枣树生长情况有关，长势强的植株和抽枝生长旺盛季节潜育期就短，反之，潜育期就长。植株发病后，小树 1~2 年，大树 4~7 年便枯死。

2. 主要防治措施

①及时清除病枝，严重者连根刨除销毁，尽早铲除病株病蘗，消灭病原，严防进一步扩散。

②培育无病苗木，选择无病母株采集接穗、插条和繁殖根蘗苗。

③选栽抗病品种和砧木，不同枣品种间，抗病性差异很大，砧木也应选抗病酸枣品种和抗病栽培枣品种根蘗苗。

④加强枣园栽培管理，增施碱性肥和农家肥，增强树势，提高抗病能力。

(四) 枣炭疽病

枣炭疽病俗称"烧茄子"病，在我国各地枣产区均有发生，是枣果主要病害之一。

1. 发病规律及危害

该病主要危害果实，也能侵染枣吊、叶片、枣头和枣股。病原菌以菌丝体潜伏于残留的枣吊、枣头、枣股及僵果内越冬；翌年，分生孢子借风雨或昆虫传播，从伤口、自然孔或直接穿透枣果表皮侵入。从花期即开始侵染，到枣果进入白熟期才出现症状，有明显的潜伏侵染现象。该病发生的早晚和严重程度与气候条件有密切关系。一般降雨来临早且遇阴雨天时发病早而重，在干旱年份或季节发病轻或不发病。病果发生部位一般在果肩或腰部，最初出现淡黄色水渍状斑点，逐渐扩大成不规则黄褐色斑点，中间产生圆形凹陷病斑，病斑扩大后连片呈红褐色，最后果实提早脱落。早落的果实枣核有变黑现象，病果果肉变褐、含糖量低、味苦、品质差，重者不堪食用。多数炭疽病果并不脱落，但若在染有缩果病的枣果上侵染时会造成严重的落果现象。

2. 主要防治措施

①冬春季结合修剪剪除病虫枝及枯枝，清除树上残留枣吊，深翻土壤，清扫掩落地的枣吊、枣叶及杂草，集中烧毁或深埋，以减少和消灭越冬病原。

②7月上旬喷波尔多液（硫酸铜与生石灰比为 1:2~3）300 倍液，或 50% 多菌灵、退菌特 500~800 倍液，或 80% 大生 M-45 可湿粉 800 倍液，或 75% 百菌清 800 倍液，连续喷 3~4 次，每次间隔 7~10 天。

③加强树体管理，增施农家肥料，增强树势，提高抗病能力。

（五）枣褐斑病

枣褐斑病又名枣黑腐病、浆烂果病，该病主要侵害枣果，引起果实腐烂和提早落果。

1. 发病规律及危害

病原菌以菌丝、分生孢子器和分生孢子在病僵果和枯死的枝条上越冬。翌年分生孢子，借风雨、昆虫等传播，从伤口、自然孔口或直接穿透枣果的表皮侵入。在 6 月下旬落花后的幼果期，病原菌开始侵染，并处于潜伏状态，到果实接近成熟时才发病。发病早晚和轻重与当年的降雨次数和相对湿度密切相关。阴雨天气多的年份，病害发生早而且重；反之，则晚且轻。枣树行间种植矮秆作物的，因通风透光好，湿度小，发病轻。受蟑象、桃小食心虫危害造成的伤口，有利于病原菌侵入，发病重。一般在 8~9 月大量发病。受害的枣果先在肩部或胴部出现浅黄色不规则的变色斑，逐步扩大，病部稍有凹陷或皱褶，变成红褐色，最后呈黑褐色，失去光泽，坏死。果味苦，不能食用。

2. 主要防治措施

①清园：清除落地僵果深埋，结合修剪除掉枯枝、虫枝，集中烧毁，减少病原。

②加强树体管理，增强树势，以改善枣树通风透光条件，提高抗病能力。

③喷药防治：萌芽前喷 3~5 波美度石硫合剂，杀灭树体上越冬的病原。对老病株和重病区枣园，于 6 月下旬开始喷药保护，每 15 天喷药 1 次，共喷 3~4 次。一般可喷布 50% 多菌灵、退菌特 500~800 倍液；80% 大生 M－45 可湿粉 800 倍液。

三、枣裂果

裂果是当前枣树生产中存在的最严重的问题之一，果实成熟期的连续降雨是造成大面积减产减收的主要原因，严重影响枣树进一步发展。因此，必须高度重视，采取有效措施极力避免和减少红枣裂果现象的出现。

枣裂果是一种生理性病害，与多种生理机理有关，影响因素非常复杂，但秋季多雨是引起裂果的直接原因，尤其是鲜枣品种裂果现象更为严重。鲜枣果实近成熟时果皮变得非常薄，果皮弹性和韧性小，不能抵抗因吸水引起的膨压，且肉质酥脆，遇多雨天气，更易吸水膨胀而开裂，导致果肉外露，加之丰富的糖分很易引起霉菌等病原菌侵入，加速果实腐烂变质，以至浆烂呈液态，不能食用，甚至仅剩一层皮。一般年份因裂果造成产量的损失在 30% 左右，严重年份在 60% 以上，甚至有时完全绝收。枣果生长前期如果遇旱，处于白熟期的果实失去的水分得不到及时补偿，遇降雨或夜间凝霜的天气骤然吸入大量水分，则易引起严重裂果，降雨持续时间越长，裂果就越重。一般阳光灼伤的果面也较容易开裂。主要防治措施如下。

①成熟期遇雨没有完全不裂的枣品种，但不同品种抗裂果能力有所不同，生产中要注意选种抗裂品种。

②选择成熟期避开雨季的品种可以减小裂果风险。例如山西太谷地区早熟的蜂蜜罐、临汾蜜枣和极晚熟的成武冬枣、冬枣等，基本上可以避开雨水相对集中的 9 月。

③选择适于枣树生长且成熟期少雨或无雨的地区，建立生产基地，可以长远解决这一难题。例如我国新疆地区干旱少雨，基本没有枣裂果的诱导因素，而且该地区果品品质佳、产量高。

④7 月下旬开始，每隔 10~15 天喷施一次生石灰 100 倍液，直到采收，即可有效地减轻裂果。喷氯化钙水溶液、喷硼也可明显降低枣裂果症。在防治病害时应用含钙药物波尔多液，也可减轻裂果发生。

⑤通过修剪，保留适宜比例的枝叶，防止果实过度暴晒灼伤，以至破坏果皮组织，降低对膨压的抵抗力。

⑥避雨设施栽培，搭建简易大棚或建设冷棚设施或温室。果实白熟期开始，降雨时要遮挡雨水落到果实上。一般用于平川滩地的矮化栽培枣园，防裂效果显著。目前山西临猗和陕西大荔的冬枣生产已形成了大规模设施栽培。

第十一章

鲜枣采收和贮藏保鲜技术

一、果实适时采收技术

适时采收是提高鲜枣商品价值和贮藏效果的关键步骤之一。采收的过早或过晚，都会对果实品质特性产生不利影响，最终导致商品价值的丧失。为了达到及时对鲜枣果实进行采收的目的，必须根据果实特征特性的变化确定其最佳采收期和掌握一定的采收方法。

（一）采收时期的确定

1. 果实成熟的判断依据

①果实颜色：果实颜色是果实成熟程度最直接的反映，生产中枣果成熟过程中，大多是根据果色的变化来决定采收期。在果实上有明显的变化，判断成熟度的色泽指标，不同种类品种间有差异，但一般皮色是由深变浅，由绿转白，由白转红。

②果肉硬度：果实在成熟过程中，硬度减低。可以根据果肉硬度确定采收期。

③酸甜度：根据枣果甜度、适口性来确定采收期。

④果实脱落的难易程度：枣果成熟时，果柄和果枝间形成了离层，稍加触动，即可脱落，凭此判断采收时间。

⑤果实的生长日数：在同一环境条件下，各品种从盛花期到果实成熟，大致各有一定的日数。可作采收参考。

2. 果实成熟阶段划分

根据果面色泽、果肉质地等果实性状的变化，鲜枣的成熟过程划分为白熟期、脆熟期和完熟期三个阶段。

①白熟期：果皮绿色减退，变白，呈绿白色或乳白色，此时果实体积不再增长，形状不再变化，果实硬度大，果汁少，含糖量低，果皮薄而柔软，是加工蜜枣品种的果实采收最佳时期。

②脆熟期：白熟期过后，果实开始着色，一般先从果柄端出现红圈，然后向胴部扩展，至果实半红或全红；果皮光滑，果肉绿色变浅，呈浅绿色或乳白色，果肉脆甜多汁，具备了鲜枣品种果实的最佳食用品质，是鲜枣品种的采收时期。脆熟期鲜枣依成熟度又可大致分为圈红、半红和全红3个时期。

③完熟期：脆熟期过后半个月左右，果皮颜色进一步加深，糖分不再增加，果实变软，果皮深红、微皱，用手易将果掰开，味甘甜，并出现自然落果现象，是制干品种的采收时期。此时采收加工制干，品质最优。

3. 鲜枣采收时期的确定

用于鲜食的枣果需要在脆熟期进行，此期果实肉脆味甜，鲜食适口性最佳，最耐贮藏。同时还要从调节市场供应、贮藏和运输的需要、劳动力的安排、栽培管理水平、品种特性以及气候条件等方面来考虑，按照实际需要，采收满足要求的果实，以符合生食、贮藏的要求，减少损失，提高质量。例如在销售、贮藏等方面，如果从采收到销售间隔期短，枣果在半红到全红期采收即可，口感品质可达最佳状态；而销售时间长，用于长期贮藏，则应略早采收为宜，要选择圈红到半红期果，但不宜过早采收，以免果实品质下降。某些品种成熟期不一致，因而要根据品种特性采取不同的采收方式，成熟期不一致的品种要做到分期分批适时采收。

采摘时间一般选在晴天10:00以前，或阴天全天，此时果实水分充足，外观内在品质好，耐贮性能好。大风天气、雷雨天气、雨后或炎热的中午容易造成大量落果或裂果，一般不宜采摘。

（二）采收前的准备工作

1. 做好采收工作计划

一般在采前先做好估产工作，根据经验目测单株产量，或根据往年产量确定全园的产量规模；或选产量适中的树 2～3 株，全部采摘后过磅计算全园产量。然后根据产量多少确定采收任务的大小。

2. 工具准备

根据采摘、分级包装、贮藏保鲜、销售管理等工作，准备必要的采收用具、材料，以及运输工具，选择合适的采摘工具、盛果容器、包装材料、冷库保鲜材料等，尤其是田间采摘用的器具内壁要光滑平整，可用纸箱、塑料箱（桶）、塑料泡沫等，或在容器内四周垫柔软的材料。

3. 设施设备的准备

搭设适当面积的采收棚，以便临时存放果实和分级、包装；做好保鲜冷库的准备工作。

（三）鲜枣的采收技术

采收技术直接关系着鲜枣的商品价值和价格，所以一定要做到科学合理。鲜枣果实果皮薄而脆，若受到外力组织极易破损受伤，随即严重褐变，严重影响果实美观，病菌也乘虚而入，加速果实腐烂变质，因而鲜枣采收过程中应防止一切机械伤害，如指甲伤、碰伤、擦伤、压伤等，严禁用杆子打或摇树震落，也不宜用乙烯利催落采收。乙烯利的使用容易造成果实过度失水，肉质变软，鲜食品质下降。

在目前情况下，人工用手摘是唯一适用于鲜枣采收的最好方法，用于长期贮藏的更应严格要求。人工采摘要做到轻摘、轻放、轻装、轻卸。采摘要尽量保留果柄，采摘时带果柄是延长枣果保鲜期的一项重要措施。因为摘掉果柄造成的伤口很容易成为病菌感染的入口，在此开始腐烂直至整个果实。采摘具体方法是：一手拉直枣吊，一手轻抓果实胴部，向枣吊基部方向用轻力使果柄靠枣吊端脱落；在位于树较高位置的果实，如果全部达到采收要求，可以先把整个枣吊取下，再摘单个果实。摘枣吊时应一手轻托枣果以防落地，一手抓紧枣吊基部，向枣吊生长的相反方向翻转一定角度，至枣吊脱落为止。

采摘时，应依先外后里、先四周后中间、先下后上、先易后难、先主后次、先优后劣的次序分次分批进行采摘，以便提高采收质量，减少采后再分级环节造成的机械损伤。应多用梯子，禁止上树、踩树或身体碰撞结果枝组。

枣果何时采收，依其用途不同而异。枣树品种在同一树上果实的成熟期很不一致，应分期采收，分期采收也有利于恢复树势。对树体衰弱，粗放管理和病虫为害而早期落叶的必须提早采收，以免影响枝芽充实而减弱越冬能力。

用于贮藏保鲜的鲜枣在采收、运输、分级和包装等各环节中，要尽量避免各种机械损伤，包括擦磨伤、刺伤、挤压伤、磕碰伤和震动损伤等。破损不仅会造成枣果呼吸强度增高和外观上的欠缺，也为病原菌微生物的侵入提供了方便之门。所以，在贮藏枣果前的整个操作过程中，一定要精心细致，轻拿轻放，轻装轻卸。

挑选和分级要在田间树下进行。挑出有病虫害、畸形、个头过小，成熟度低于白熟期的果。按成熟度和大小分级。短期贮藏时，可分为全红、大半红、半红3个成熟度；中长期贮藏时，成熟度要选择半红、少半红、微红和白熟4个成熟度的枣果。

二、鲜枣贮藏保鲜技术

鲜枣果甜酸鲜脆、清香可口、营养丰富，深受消费者的欢迎，也为广大果农带来了商机。鲜枣果皮较薄，果肉脆嫩，含水量较高，采收后在常温下早熟品种1~2天，晚熟品种6~7天，就会失水、萎蔫、变软、酒化和腐烂，失去商品价值，而造成严重的损失。鲜枣实际是最不耐贮藏保鲜果品之一，如何做好鲜枣果的贮藏与保鲜，延长市场的货架新鲜时间，是枣树种植获得较高经济效益的关键。

（一）选用耐藏性品种

鲜枣品种极多，各品种间耐藏性差异较大，一般晚熟品种较早熟种耐贮，干鲜兼用品种较鲜食品种耐贮，抗裂果品种较耐贮，大果型品种不耐贮藏。北京的西峰山小枣贮藏45天时好果率达

79.4%~98.7%，而北车营小枣、苏子峪大枣、长辛店脆枣等好果率为60.6%~70.8%。对于耐贮性差的品种，不适宜进行长期贮存，宜随采随销。有些品种，可以通过贮存，延长市场销售时间，提高售价，增加收入。

（二）采前栽培管理措施

鲜枣贮藏保鲜效果除了与贮藏环境条件有关外，同时与枣果的内在质量有很大关系。采前干旱失水或遇雨淹水，以及高温、外伤、病虫害等都不利于鲜枣贮藏，提高鲜枣贮藏品质，采收前应注意以下栽培管理措施的实施。

1. 加强病虫害防治

有病虫害的枣果贮藏中易软化和霉烂。严格进行病虫害防治，保证果实完好。

2. 做好灌水和排水

枣树干旱会造成枣果蔫软，降低贮藏中的完好脆果率。因此，采收前干旱时要进行适当的灌水，防止鲜枣蔫软。采收时降雨或枣园积水会增加裂果和贮藏过程的过湿伤害。所以，采收前雨水过多时要注意及时排水。采摘枣果要待枣果干燥后再采，并去掉裂果后入库贮藏。

3. 采前喷钙处理

增加枣果组织中的钙离子含量，可有效抑制其成熟衰老过程，降低呼吸速率，减轻采前和采后的多种果实生理病害等。在枣果采前对树体进行叶面喷钙，可显著地提高鲜枣的耐贮性，加强采前管理。钙质可与枣果体细胞中胶层的果胶酸形成果胶酸钙，对维持果实硬度、调节组织呼吸及推迟衰老有着重要作用。因此采前半个月对树冠及枣果喷洒0.2%氯化钙溶液，可增强枣果的钙素含量，增加果实硬度，提高枣果耐贮性。

对枣树进行叶面喷钙，要求在枣果采收前30天和15天分两次进行，使用氯化钙溶液，浓度为0.5%。采收前叶面喷钙，贮藏中可以明显保持枣果的硬度和提高好果率。因此，对枣树进行采前树体叶面喷钙，是提高鲜枣贮藏保鲜效果的一项良好辅助措施，有利于枣果催熟、增产、增色、增甜。在枣果生长期间使用生长调节剂，一般使枣果组织幼嫩，含水量增大，干物质含量相对减少，从而使枣果的抗病性及耐藏性降低，不利于贮藏。

(三)鲜枣贮藏前预处理

1. 按鲜枣等级质量标准分级筛选

2009 年，我国制订发布了鲜枣质量等级标准 GB/T 22345(表 11-1、表 11-2)。

表 11-1　鲜枣质量等级标准

项目		等　级			
		特级	一级	二级	三级
基本要求		脆熟期采收。品种纯正，果形完整，果面光洁，无残留物。果肉酥脆适口，无异味和不良口味。无或几乎无尘土，无不正常的外来水分，基本无完熟期果实。最好带果柄			
果实色泽		色泽好	色泽好	色泽较好	色泽一般
着色面积占果实表面积的比例		1/3 以上	1/3 以上	1/4 以上	1/5 以上
果个大小[a]		果个大，均匀一致	果个较大，均匀一致	果个中等，较均匀	果个较小，较均匀
可溶性固形物		≥27%	≥25%	≥23%	≥20%
缺陷果	浆烂果	无	≤1%	≤3%	≤4%
	机械伤	≤3%	≤5%	≤10%	≤10%
	裂果	≤2%	≤3%	≤4%	≤5%
	病虫果	≤1%	≤2%	≤4%	≤5%
	总缺陷果	≤5%	≤10%	≤15%	≤20%
杂质含量		≤0.1%	≤0.3%	≤0.5%	≤0.5%

注：[a]品种间果个大小差异很大，每千克果个数不作统一规定，各地可根据品种特性，按等级自行规定。

表 11-2　不同枣品种果实大小分级标准

品种	单果重(克)			
	特级	一级	二级	三级
冬枣	≥20.1	16.1~20	12.1~16	8~12
临猗梨枣	≥32.1	28.1~32	22.1~28	17~22

2. 贮存入库质量检验

检验规则是同品种、同等级、同一批到货，同时入库，可作为一个检验批次。

①入库验收　红枣入库时，必须对数量、质量、包装进行严格验收。验收单填写的项目应与货物完全相符。凡与货单不符或品种、等级混淆不清者，应整理后再行扦样验收。

②数量验收　按入库通知单点清数量。一般对整件齐装的采取大数点收，对包装破损的应全部清点过秤，整理合格后点收入库。

③质量验收　按规定项目抽取样品并逐件检验，以件为单位分项记录在入库检验单上。每批枣检验后，计算检验结果，确定红枣质量，符合质量标准的方能登记入库。

④包装验收　应在抽样时仔细检查包装和标志是否完整、牢固，有无受潮、水湿、油污等异状，并认真核对包装上的标志与入库通知单是否相符。凡包装严重破损或有异状物者，必须加以整理或更换包装合格后再行入库。采用冷藏库贮藏枣果的保鲜包装有 2 种：一是 PVC 保鲜袋，袋上打 6 个直径为 5 毫米的孔；二是微孔膜保鲜袋，直接装袋即可。以上 2 种包装的装量应在 5 千克左右，过多易造成枣果破裂、腐烂。

⑤检重　入库时物件包装净重、毛重都与规定重量相符才准入库。

3. 贮前预冷处理

预冷处理能快速散去大量的田间热，减少入贮的冷负荷，还可避免因立即进入冷贮状态而容易出现的冷害现象。枣果采收后短期内预冷至 3~5℃，可适当抑制枣果的生理活动，也是防止果肉褐变和软化的有效方法。预冷是指利用一定的设备和技术将鲜枣的田间热迅速除去，并冷却到适宜运输或贮藏的温度，从而最大限度地保持枣果硬度和鲜度等品质指标，延长其贮藏期，同时减少入贮后制冷机械的能耗。对采用塑料薄膜袋和大帐进行简易气调贮藏的枣果，还可防止袋内或帐内结露，提高贮藏效果。鲜枣采收后如不经过预冷就装入塑料袋内，会使塑料袋内与冷库之间产生较大的温差，使塑料袋内表面出现大量结露并使结的露水滴到枣果上，加速枣果的腐烂。一般预冷的方法主要有冷风预冷和冰水预冷结合保鲜剂处理。

冷风预冷是枣果在入库前2天，使库温降到－2±0.5℃，将枣果快速放入冷库，待枣果温度与冷库温度一致时，即可装入保鲜袋或减压容器，预冷时间不要过长，以免造成枣果失水。

冰水预冷结合保鲜剂处理是建一长2米、宽0.5米、高0.8米的水池，在该水池内按水和冰1:0.3的比例。此时水温在2~5℃，加入鲜枣专用保鲜剂配成50倍的冰水溶液，浸泡枣果0.5~1分钟，取出枣果沥水晾干，放入冷库，待枣果温度与冷库温度一致时，装入保鲜袋或减压容器。

低温对病菌的繁殖、生长和致病力有明显的抑制作用，但并不能完全杀死病菌，而且许多采后病原菌对低温的忍耐性较强，能在低于0℃下生长和繁殖，并引起贮藏产品的病害，所以贮藏期间还必须合理使用保鲜剂。

在贮藏冬枣时，可应用国家保鲜工程技术研究中心的CT系列或CT2号片剂保鲜剂，防腐保鲜效果较好。CT2号保鲜剂的使用方法是当枣果预冷达到要求的品温时，把枣果和保鲜剂放入保鲜袋中，用量为每1千克枣放入1包CT2号保鲜剂（药包需用大头针扎1个透眼）和1包红药（生理调节剂），然后把保鲜袋扎好。

（四）贮藏库灭菌消毒

贮藏病害的主要初侵染源之一就是枣果贮藏库，每次存放枣果前，必须对贮藏场所进行彻底地清扫，对地面、货架、果箱等应进行消毒杀菌处理。以消灭和降低病原菌的基数。鲜枣贮藏库常用的消毒剂及其使用方法如下。

①CT 高效库房消毒剂(国家农产品保鲜工程技术研究中心研制)灭菌消毒:此消毒剂为粉末状,具有杀菌谱广、杀菌力强、对金属器械腐蚀性小等特点。使用时将袋内 2 小袋粉剂混合均匀,按每立方米 5 克的使用量点燃,密闭熏蒸 4 小时以上。

②高锰酸钾和甲醛的混合液灭菌消毒:按 1:1 的重量比将高锰酸钾加入甲醛液体中,使用量为每百平方米 1 千克,将药液放入容器中,使其自然挥发。操作时要注意安全,撤离要迅速,密闭库房在 48 小时以上。此方法适用于污染较重的库房。

③漂白粉溶液灭菌消毒:贮库消毒常用 4% 的漂白粉溶液喷洒,在枣果贮藏期间结合加湿,也可喷洒漂白粉溶液。

(五)鲜枣贮藏库内的温度、湿度等环境因素的调控

1. 温度

鲜枣贮藏库的温度应控制在 $-2 \pm 0.5℃$。要尽量减少贮藏库的温度波动,以减少贮藏果品的表面或其包装物内的结露,避免附着在果品表面的微生物孢子的萌发和侵入。适宜的低温能明显地降低枣果的呼吸强度,减少营养物质的消耗,提高枣果对病菌侵染的抵抗能力。

2. 湿度

一般鲜枣的含水量为 70% 左右,通常水分散失量大于 5% 时,就会表现出明显的萎蔫皱缩。鲜枣贮藏相对湿度应保持在 95% 以上。可通过保鲜袋包装和地面洒水等方法提高库内相对湿度。

3. 气体

适宜鲜枣贮藏的气体环境是氧气占 4%~6%,并不含二氧化碳。如二氧化碳过高,会使果肉褐变,果皮产生局部下陷和褐色斑点,直至腐烂。气调贮藏时,高二氧化碳可引起果实中毒或发生无氧呼吸,加速鲜枣软化褐变。为防止枣果在贮藏中受二氧化碳伤害,可使用塑料袋包装,而且必须在塑料袋上打孔。

(六)鲜枣主要贮藏方式

1. 简易贮藏法

鲜枣简易贮藏法适于鲜枣成熟季节气温较低的北方地区采用。贮藏时，应选择耐贮藏的晚熟品种。果皮呈半红的脆熟期的果实贮藏为最佳。成熟度不足，易失水失重；完全成熟，果实生活力低，不耐贮藏。为减少水分蒸发，要选用 0.04 ~ 0.07 毫米厚的聚乙烯薄膜，制成不同规格的保鲜袋，打孔后装入精选鲜枣 3 ~ 10 千克，封扎袋口，放在阴冷棚或窑洞中分层贮藏架上，或袋挨袋立放于离地 60 ~ 70 厘米高的隔板上，每隔 4 ~ 5 袋留出一供通风人行的通道。储藏初期要加通风散热，棚内温度越低越好，以防鲜枣高温发酵。冬季气温降至 0℃以后，不必担心枣会冻坏，但要注意防范鼠害。

2. 低温贮藏法

低温贮藏法又称冷藏法，是指在 0℃或略高于果蔬冰点的适宜低温环境条件下进行贮藏的方法。枣果采收后，将着色 50% 的鲜枣装入一侧打有 2 ~ 3 个直径 3 ~ 4 厘米小孔的塑料袋中，每袋装果 0.5 ~ 1 千克，尽快清洗、预冷、装袋，然后进入冷藏库。果实贮藏期间，库内温度稳定维持在 0℃左右，相对湿度维持在 90% ~ 95%。枣不能忍受 5% 二氧化碳，库内要适时通风换气。冷藏过程中要注意防止冻害发生。近年来，国外出现了计算机控制的自动化冷库，库内装卸作业和温、湿度控制等全部实现自动化，但能耗较高，需要大型的机械设备，一次性投资大，资金回收期长。应注意的是，鲜枣储藏前应在 2% 氯化钙溶液中浸泡 30 分钟，接着在 7 ~ 8℃条件下预冷 1 ~ 2 天，待枣温降至 7 ~ 8℃后可入库储藏。此法可储藏 2 ~ 3 个月。长时间贮藏会引起某些果实的生理伤害，耐低温细菌、病毒繁衍滋生并使鲜枣萎缩，因此冷藏时间不宜过长。

3. 气调贮藏法

气调贮藏法是当今最先进的果蔬贮藏保鲜方法。它是在冷藏的基础上，增加气体成分调节，通过对贮藏环境中温度、湿度、二氧化碳、氧气浓度、乙烯浓度的控制，抑制果蔬呼吸作用，延长果蔬贮藏期与销售货架期。采用低温、低氧气和较高浓度的二氧化碳，使鲜枣呼吸作用降低，消耗减少，抑制代谢作用和微生物的活动，同时抑制乙烯的产生和生理作用，减缓衰老过程，使鲜枣保持较好的品质并延长贮藏寿命。气调贮藏包括人工气调贮藏和自发气调贮藏。在我国发展最快的气调技术是小包装大帐自然降氧贮藏、大帐充氮快速降氧贮藏和硅橡胶窗气调贮藏。温度和湿度是影响枣果贮藏效果的主要因素，适宜温度为 $-1 \sim 0℃$，相对湿度为 $90\% \sim 95\%$，贮后风味得以保持。适宜的气体指标为二氧化碳 $3\% \sim 5\%$，氧气 2%。目前生产中应用的气调库有 FACA 气调库和硅窗气调库，能根据不同果蔬的要求调控温度、湿度以及低氧和二氧化碳气体环境，并能排除呼吸代谢放出的乙烯等有害气体，达到延迟后熟、衰老并保持果蔬品质的目的。

（七）贮藏期间检验工作

贮藏期检验鲜枣质量，分别记录鲜枣品质、果形、含水率、病虫果率、自然损耗率、腐烂损耗率及受检日期等。将每日检验温、湿度情况，以及日平均值分项记录在检验报告单上。

（八）鲜枣出库

1. 出库检验

出库检验应统计自然损耗率，填写好出库检验记录单。

2. 出库包装

包装应挂卡片或打上印色，标明品名、等级、净重、产地、日期、封装人员或代号，并将同一内容的卡片装入袋内。每一包装只能装同一品种、同一等级的红枣，不得混淆，字迹应清晰无误。同一批货物各件包装的净重应一致，并采用不同颜色的封包绳作为等级的辨识标志，特等为蓝色、一等为红色、二等为绿色、三等为本色。

纸箱用瓦楞纸板，塑料箱用无毒塑料板，清洁完整，内衬包装纸。箱体尺寸按内外贸易要求采用，材料要坚实耐用，制成包装箱后应达到负压200千克、12小时无明显变形。箱外印刷或贴上品名、等级、净重、产地、包装、日期、封装人员或代号与商标标志。

参考文献

李登科，牛西午，田建保. 2013. 中国枣品种资源图鉴[M]. 北京：中国农业出版社.

李连昌，李利贞，樊永亮，等. 1992. 中国枣树害虫[M]. 北京：中国农业出版社.

毛永民. 1999. 枣树高效栽培111问[M]. 北京：中国农业出版社.

刘孟军. 2004. 枣优质生产技术手册[M]. 北京：中国农业出版社.

聂继云. 2003. 果品标准化生产手册[M]. 北京：中国标准出版社.

曲泽洲，王永蕙. 1993. 中国果树志·枣卷[M]. 北京：中国林业出版社.

武之新. 2003. 冬枣优质丰产栽培新技术[M]. 北京：金盾出版社.

张铁强. 李奕松，邢广宏，2007. 枣无公害栽培技术问答[M]. 北京：中国农业大学出版社.

周俊义. 1999. 鲜枣高效栽培与保鲜技术[M]. 石家庄：河北科技出版社.

附录　枣树栽培年周期管理工作历

时间	主要管理内容
1~3月 小寒至春分 休眠期	1. 制定全年生产管理计划; 2. 新枣园的规划设计; 3. 交流技术经验, 培训技术人员; 4. 备足农药, 积肥运肥, 检修农机具、药械, 兴修水利; 5. 整形修剪: 幼树整形, 结果树修剪。因树修剪, 随枝作形。调整树体结构, 合理安排各类骨干枝。落头控高, 疏除过密枝、细弱枝、交叉枝、重叠枝等, 回缩下垂枝、冗长枝。老树回缩骨干枝, 更新复壮; 6. 清园: 清理落叶、枯杂草、枣吊、僵果, 刮除老翘皮, 剪除病虫枝, 刨除疯树、病株, 消灭和减少越冬虫、卵及病原菌; 7. 刨树盘: 早春土壤解冻后及时刨树盘, 或春耕松土保墒, 结合刨树盘, 应注意筛拣虫茧, 以降低虫口密度; 8. 病虫防治: 2月下旬在树干上扎一塑料裙, 阻止枣尺蠖雌虫上树, 每天清晨捕杀雌虫; 萌芽前全树喷3~5波美度石硫合剂; 枣龟蜡蚧危害严重时, 喷10%~15%的柴油乳剂; 9. 结合冬剪采集接穗, 随采随蜡封, 随时贮藏
4~5月 清明至小满 萌芽、枝条 生长及花芽 分化期	1. 施肥灌水: 萌芽前后, 施速效氮、磷肥, 施肥后灌水, 促进萌芽、枝叶生长和花芽分化; 2. 播种育苗: 将沙藏的酸枣种子经催芽后播种, 或直接播种酸枣仁; 3. 嫁接: 苗圃地嫁接育苗、高接和利用野生酸枣资源嫁接大枣, 改头换种; 4. 枣树栽植: 选择无病虫、健壮枣苗, 随起苗随栽植, 栽后浇水, 覆地膜, 或松土、培土增温保墒; 5. 根外追肥: 于5月初开始每隔2~3周喷0.3%~0.5%尿素和0.2%~0.3%的磷酸二氢钾以及其他微量元素; 6. 病虫防治: 及时防治枣尺蠖、食芽象甲、金龟子、枣瘿蚊等害虫。可用阿维菌素乳油、苦参碱水剂、吡虫啉可湿性粉剂等杀虫剂防治; 7. 及时抹芽、摘心、拉枝, 进行夏剪; 8. 发现枣疯病株, 及时处理, 烧毁
6月 芒种至夏至 开花期	1. 开甲: 在盛花期对强壮树开甲; 2. 花期喷水、喷肥和植物激素等, 提高坐果率; 3. 花期放蜂提高坐果率;

（续）

时间	主要管理内容
6月 芒种至夏至 开花期	4. 防治虫害：喷杀虫剂防治枣尺蠖、龟蜡蚧、枣黏虫、红蜘蛛等害虫。依枣桃小测报，进行地面用药或培土压茧； 5. 夏剪：摘心、抹芽、拉枝等； 6. 苗圃地及时追施速效氮磷肥，每亩施尿素8~10千克，过磷酸钙25~30千克
7月 小暑至大暑 幼果期	1. 追肥、除草：土壤追施速效氮、磷、钾肥，叶面喷肥。并及时除去地下杂草； 2. 防治病虫：喷杀虫剂防治桃小食心虫、龟蜡蚧壳虫、红蜘蛛、枣黏虫等。喷15%粉锈宁乳油1500~2000倍液、180~200倍波尔多液预防枣锈病； 3. 夏剪：疏除无用的枣头，进行摘心、扭梢、抹芽，控制枣头生长，以节约养分促进坐果； 4. 深翻树盘：雨季到来前深翻树盘，每次降雨后或灌水后应及时松土锄草，以充分利用降水，除去杂草
8月 立秋到处暑 果实发育期	1. 除草：中耕除草、刨翻树盘； 2. 施肥：追施磷、钾肥。每隔2周喷1次0.3%~0.5%的尿素或0.3%的磷酸二氢钾； 3. 病虫防治：继续防治枣黏虫、桃小食心虫、铁皮病等。喷粉锈宁乳油或波尔多液防治枣锈病； 4. 拣拾枣桃小落果，集中处理； 5. 采摘：8月枣已进入白熟期，可人工采摘鲜枣，加工蜜枣
9月 白露至秋分 果实采收期	1. 按不同用途适期采收，加工，鲜食或干制； 2. 施基肥：采收后，环状或沟状施农家肥，可掺入适量速效氮、磷肥，施肥后灌足水； 3. 树干绑草：9月下旬在树干周围绑草把，诱杀越冬害虫，冬季解下烧毁
10月 寒露至霜降 落叶期	1. 树干涂白； 2. 喷药防治大青叶蝉产卵； 3. 晚熟枣采摘； 4. 苗木出土与调运； 5. 施基肥：上月未施完的，继续进行； 6. 晾晒红枣，妥善保存，销售； 7. 秋季栽植建园，灌冻水
11~12月 大雪至冬至 休眠期	1. 种子沙藏：层积处理酸枣种子，为育苗打好基础； 2. 全年工作总结； 3. 开始冬季修剪

冬枣

溆浦鸡蛋枣

冷白玉

大白铃

早红蜜

永济蛤蟆枣

不落酥

襄汾圆枣

平陆尖枣

山东梨枣

成武冬枣

宁阳六月鲜

蜂蜜罐

北京白枣

马牙白

辣椒枣

枣强脆枣

迎秋红

葫芦枣

骏枣

壶瓶枣

金谷大枣

临黄1号

金丝小枣

赞皇大枣

灰枣

板枣

圆铃枣

无核小枣

三变红

大柿饼枣

大荔龙枣

国家枣品种资源圃

高密度条件下的2年生骏枣结果状

百年灰枣园

地窖贮藏接穗

苗木嫁接

高接换种

腹接

枣疯病危害

绿盲蝽象和食芽象甲虫害

技术指导